KING
스도쿠

KING 스도쿠(초급)

초판 발행_ 2009년 12월 20일
중판 발행_ 2011년 02월 10일

지은이_ 스도쿠 동호회
발행처_ 로하스

등록번호_ 396-2010-000113호
주소_ 경기도 고양시 일산동구 성석동 880-2
전화_ 031-985-0116
팩스_ 02-386-8453

값_ 8,500원
ISBN 978-89-965219-3-8 14410

두뇌 활성 트레이닝 프로젝트

SUDOKU

당신의 잠든 두뇌를 깨워라!

KING
스도쿠

스도쿠 동호회

초급

로하스

1. 스도쿠란?

최근 「스도쿠」가 전 세계를 열광시키고 있다. 스도쿠는 가로와 세로 각각 9칸, 총 81칸으로 이루어진 정사각형의 모든 가로와 세로의 칸에, 그리고 가로와 세로 각각 3칸씩 모두 9개의 칸으로 이루어진 9개의 작은 사각형 안에 1에서 9까지의 숫자들을 겹치지 않게 적어 넣는 숫자 퍼즐이다.

어떤 이는 스도쿠를 퍼즐의 천재 샘 로이드가 만든 「탱그램 퍼즐」보다도 재미있는 게임이라고 극찬했는데 그 말은 조금도 과장된 것이 아니다. 게임 규칙이 매우 단순해 누구나 쉽게 도전할 수는 있지만 풀기가 만만치 않은 지능형 게임이라는 커다란 매력을 가지고 있기 때문이다.

스도쿠는 스위스의 수학자 레몬하르트 오일러가 만든 「라틴 사각형」이라는 퍼즐에서 생겨났다고 한다.

한동안 잊혀졌던 이 게임은 1970년대에 미국에서 잠시 소개되었고, 1984년 일본의 한 퍼즐 회사가 「스도쿠」라는 브랜드로 판매해 인기를 끌면서 세계 각국으로 퍼졌다. 그 후 우리나라에서는 권위 있는 주간지 『일요신문』의 퍼즐 란에 「넘버 플레이스」라는 이름으로 실렸는데 최근에 들어서서 갑자기 전 세계적인 스도쿠

열풍이 일어나고 있다.

스도쿠는 수리력이나 지식으로 푸는 퍼즐이 아니라 오직 논리에 의해서만 푸는 퍼즐이다. 따라서 어린이부터 노인까지 누구나 사고를 집중시키기만 하면 재미있게 즐기면서 할 수 있다. 집중력과 추리력이 좋아지면 결과적으로 지능 향상과 두뇌 계발에도 도움이 되니 누구에게나 권할 수 있는 게임이라고 생각한다.

게임을 계속하다가 보면 스도쿠 퍼즐을 빨리 풀 수 있는 핵심적인 전략이 세워질 것이다. 또한 그렇게 되어야 난이도가 높은 스도쿠 퍼즐도 해결할 수 있다.

2. 스도쿠의 구성

이 책에서 편의상 전체 퍼즐을 「표」로, 3×3의 작은 표는 「상자」로, 숫자를 채워야 하는 공간은 「칸」이라고 말한다.

3과 6이라는 말은 3번째 가로줄과 6번째 세로줄이 만나게 되는 칸을 가리킨다.

상자들의 번호는 그림과 같이 좌에서 우로, 그리고 위에서 아래의 순서로 매겨진다.

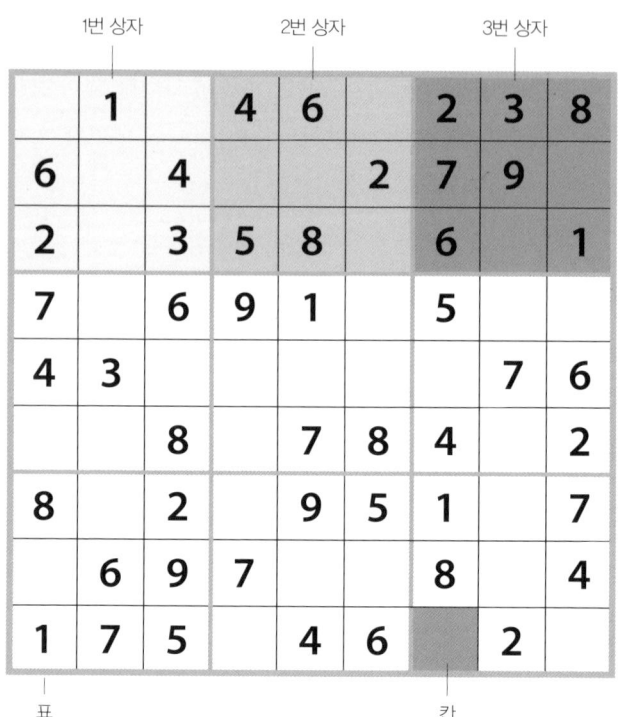

1번 상자 2번 상자 3번 상자

	1		4	6		2	3	8
6		4			2	7	9	
2		3	5	8		6		1
7		6	9	1		5		
4	3						7	6
		8		7	8	4		2
8		2		9	5	1		7
	6	9	7			8		4
1	7	5		4	6		2	

표 칸

3. 스도쿠를 푸는 기본 방법

일단 각 상자의 숫자들을 살펴 어느 칸이 비었는지 어떤 숫자가 빠졌는지를 가로줄과 세로줄에서 확인하라. 왼쪽 퍼즐의 3번 상자를 보자. 이 상자에는 4가 없지만 7번째와 9번째의 세로줄에 4가 있기 때문에 4가 들어갈 수 있는 곳은 8번째 세로줄 밖에 없다. 따라서 그 칸에 4를 기입하면 된다. 따라서 첫 번째 숫자와 두 번째 숫자 5를 해결하게 된다.

	1		4	6		2	3	8
6		4			2	7	9	(5)
2		3	5	8		6	(4)	1
7		6	9	1		5		
4	3						7	6
		8		7	8	4		2
8		2		9	5	1		7
	6	9	7			8		4
1	7	5		4	6		2	

4라는 숫자에 대해서 좀 더 생각하자. 5번 상자에도 4가 없다. 하지만 5번째와 6번째의 가로줄에 4가 있다. 들어갈 수 있는 곳은 4번째 가로줄 뿐이다.

	1		4	6		2	3	8
6		4			2	7	9	5
2		3	5	8		6	4	1
7		6	9	1	④	5		
4	3						7	6
		8		7	8	4		2
8		2		9	5	1		7
	6	9	7			8		4
1	7	5		4	6		2	

이번에는 1번 상자를 살피자. 보이는 바와 같이 2번 상자와 3번

상자에는 8이 있지만 1번 상자에는 8이 없다. 1번째와 3번째 가로줄의 8 때문에 1번 상자에서 8이 때문에 1번 상자에서 8이 들어갈 자리는 1번 가로줄과 2번 가로줄인데 1번 세로줄에 이미 8이 있기 때문에 8이 들어갈 칸은 한 군데만 남게 된다.

	1		4	6		2	3	8
6	8	4			2	7	9	5
2		3	5	8		6	4	1
7		6	9	1	4	5		
4	3						7	6
		8		7	8	4		2
8		2		9	5	1		7
	6	9	7			8		4
1	7	5		4	6		2	

2번 상자의 3번째 가로줄의 빈 칸을 채우는 방법도 앞의 상황들과 비슷하다. 빈 칸을 채울 수 있는 숫자는 7과 8인데 1번 상자의 빈 칸은 2번째 세로줄에 7이 있기 때문에 7을 사용할 수 없다. 따라서 7은 3번째 가로줄의 빈 칸을 채우게 되며 9는 1번 상자 3번째 가로줄의 빈 칸으로 들어가게 된다.

	1		4	6		2	3	8
6	8	4			2	7	9	5
2	9	3	5	8	7	6	4	1
7		6	9	1	4	5		
4	3						7	6
		8		7	8	4		2
8		2		9	5	1		7
	6	9	7			8		4
1	7	5		4	6		2	

1번 상자에서 사용할 수 있는 숫자는 5와 7이 남게 되었다. 하지만 1번째 세로선의 빈 칸은 1번째 세로줄에 있는 7 때문에 7을 사용하지 못한다. 따라서 5를 사용하게 되며 3번째 세로선의 빈 칸에 7이 들어가게 된다. 또한 6번째 세로선의 빈 칸에 자동적으로 9가 들어가게 되며 4번 상자 3번째 세로 줄의 숫자 1을 해결하게 된다.

5	1	7	4	6	9	2	3	8
6	8	4			2	7	9	5
2	9	3	5	8	7	6	4	1
7		6	9	1	4	5		
4	3	1					7	6
		8		7	8	4		2
8		2		9	5	1		7
	6	9	7			8		4
1	7	5		4	6		2	

상황은 비슷하게 전개된다. 2번 상자에서 사용할 수 있는 숫자는 1과 3이 남게 되었다. 하지만 5번째 세로줄의 빈 칸에는 5번 상자의 1 때문에 1이 들어갈 수 없다. 따라서 3이 들어가게 되면 1은 4번째 세로줄의 빈 칸으로 들어가게 된다. 이제 나머지 숫자들을 해결하는 일은 훨씬 쉬워지게 되었다.

5	1	7	4	6	9	2	3	8
6	8	4	1	3	2	7	9	5
2	9	3	5	8	7	6	4	1
7		6	9	1	4	5		
4	3	1					7	6
		8		7	8	4		2
8		2		9	5	1		7
	6	9	7			8		4
1	7	5		4	6		2	

7번 상자에서 사용할 수 있는 숫자는 3과 4가 남게 되었다. 여기서는 그 결과가 매우 간단해진다. 1번 세로줄과 8번 가로줄에 각각 4가 있기 때문에 숫자 4는 7번째 가로줄의 빈 칸에 들어가게 되며 숫자 3은 1번째 세로줄의 빈 칸을 채우게 된다. 동시에 4번 상자 1번째 세로줄의 빈 칸에는 남게 된 숫자 9가 들어가게 된다.

5	1	7	4	6	9	2	3	8
6	8	4	1	3	2	7	9	5
2	9	3	5	8	7	6	4	1
7		6	9	1	4	5		
4	3	1					7	6
9		8		7	8	4		2
8	4	2		9	5	1		7
3	6	9	7			8		4
1	7	5	4	6		2		

5	1	7	4	6	9	2	3	8
6	8	4	1	3	2	7	9	5
2	9	3	5	8	7	6	4	1
7	2	6	9	1	4	5		
4	3	1				9	7	6
9	5	8		7	8	4		2
8	4	2		9	5	1		7
3	6	9	7			8		4
1	7	5		4	6	3	2	

4번 상자에서 사용할 수 있는 숫자는 2와 5인데 여기서도 결과는 마찬가지다. 4번째 가로줄에 5가 있기 때문에 같은 가로줄의 빈 칸에는 2가 들어가게 되며, 5는 6번째 가로줄의 빈 칸에 들어가게 된다. 7번 세로줄의 경우도 그렇다. 사용할 수 있는 숫자는 3과 9인데 3은 5번째 가로선의 3 때문에 9번 상자 7번 세로선의 빈

칸으로 들어가야 하며 숫자 9는 6번 상자의 7번 세로선에 있는 빈 칸을 채우게 된다. 문제는 거의 다 풀렸다. 이제부터는 스스로 문제를 풀어 보라.

SUDOKU 초급

DATE: TIME:

Question 01

8			5				2	
	3			7				4
7			2			1		
		8			4			
	2			9			7	
			8			4		5
		7			2			
4				5			8	2
	6				8		1	

SUDOKU 초급

DATE: TIME:

Question 02

	3	9				5	2	
8			2		3			1
7			4		1			6
	9	2				4	1	
				2				
	7	4				3	6	
2			3		8			5
4			9		6			7
	8	1				6	4	

SUDOKU 초급

DATE: | TIME:

Question 03

	9	3				5	6	
7					5			2
2			1	3	6			8
	1	7		6		4		
		2	3		4	6		
		5		2		3	8	
4			6	5	2			7
8			9					3
	2	1				9	4	

SUD초급OKU

DATE:		TIME:	

Question 04

	8	7	9		2	3	1	
9				6				8
5				7				2
3			2		6			4
	4	6				5	2	
2			4		5			9
7			6		1			5
6			8					1
	2	1	5		3	6	4	

SUDOKU 초급

DATE: | TIME:

Question 05

				6	1	9		
	6	1				2		
9			8			6		
			2	9			5	
3	2						9	8
	9			4	5			2
2		6			3			1
		3				8	2	
		9						

SUDOKU 초급

DATE: | TIME:

Question 06

9			2		8			7
	1						5	
		3		4		2		
5			7		2			8
		2		1		6		
3			4		6			9
		7		5		9		
	3						6	
1			6		7			5

SUDOKU 초급

DATE: | TIME:

Question 07

6	3		2					9
					4	1	3	
			5	9				
2						4		
	7			5		6		8
		6						5
				4	2			3
	4	9	1					
1					6	8	5	

SUDOKU 초급

DATE: TIME:

Question 08

	4	5				8	7	
7			6		5			4
3			7		4			6
	1	8				2	9	
				7				
	7	6				3	4	
8			5		2			3
9			4		1			2
	2	3				4	5	

SUDOKU 초급

DATE: TIME:

Question 09

	9		6				8	
		4					6	7
	6		2				9	
			3		4	9		2
7		8	5		1			
	3				2		1	
9	7					6		
	5				9		4	

SUDOKU 초급

DATE: TIME:

Question 10

	5	2				1		
	4			9			6	
6					1			4
		4	2		7			3
	3			8			1	
1			4		5	6		
5			1					2
	2			7			3	
		7			4	5		

SUDOKU 초급

DATE: | TIME:

Question 11

	5			7			8	
1		6	4		8	5		2
	2			6			3	
	8			4			7	
3		2	7		1	8		4
	6			9			5	
	3			2			1	
7		8	6		5	3		9
	1			8			4	

SUDOKU 초급

DATE:		TIME:	

Question 12

	9			4	5			
		4	6			7	8	
1	6			7				3
		5			3	4		1
	1			6			7	
4			2			6		
2							6	4
	7				2	9		
			1	3				

SUDOKU 초급

DATE: | TIME:

Question 13

8		1		7				5
	4		8				2	3
6				4		7		8
	7				9			2
1		3		6		8		7
9			2				6	
2		7		9				4
5	9				8		3	
3				2		5		9

SUDOKU 초급

DATE: TIME:

Question 14

	8		1		4			6
1		7				4		8
		5		8		3		
6	4			3			2	7
			2		1	9		
5	9			6			4	3
		6		7		5		
2						7		1
8			5		3			

SUD 초급 OKU

DATE: TIME:

Question 15

			7		8			
6				4				8
	8		2		6		3	
2		5				8		4
	4			6			1	
1		8				3		5
	5		9		4		2	
4				2				6
			6		7			

SUDOKU 초급

DATE: TIME:

Question 16

3		1	4			2		
6	2			1			4	3
				9				
	3		5		1		2	
		4		3		5		
	1		2		4		6	
				2				
4	7			6			1	5
		9	7		8	6		

SUDOKU 초급

DATE: TIME:

Question 17

				5	4	3		
	4		6				2	
3		5		7	8	9		
2		6					1	
1		7		8		5		2
	9					6		3
		8	7	6		1		4
	1				5		7	
		2	3	4				

SUD 초급 OKU

DATE: | TIME:

Question 18

	1			8			6	
8			6					4
		3		1		2		
4			7		8		1	
		2				4		
	7		9		6			2
		8		3		6		
2				7				3
	5		1				8	

SUDOKU 초급

DATE: TIME:

Question 19

	9			4		3		5
		6	5	8		4		
4			3				6	
1			4					
9	8						7	4
					9			1
	3				4			6
		9		2	6	1		
2		1		5			4	

DATE: TIME:

Question 20

8		2		4				
	4				6			9
	3				7		8	
		4	7	6			3	
1								2
	5			9	8	7		
		1	6				4	
7			2				1	
				3	1	5		

SUD초급OKU

DATE: TIME:

Question 21

8		7		5		6		9
		5				3		
3	9			7			4	5
			8		5			
6		9				8		2
			6		2			
5	7			1			2	8
		3				5		
2		1		8		7		4

SUD 초급 OKU

DATE: TIME:

Question 22

1	4				5	6		
		8		7			1	
6			8					7
	6			1	3			
		4				7		
			6	5			8	
2					8			
	7			2				1
		1	4				6	

Question 23

	8						4	
7	6	1		9		2	5	3
	9		5	2	1		8	
		9		7		6		
	3	8	4		6	5	9	
		4		3		1		
	1		7	8	3		6	
3	4	6		5		8	7	9
	2						1	

SUDOKU 초급

DATE: TIME:

Question 24

9			6			7		3
1		3		7				
	6	2		3	5		9	
					4			5
	5		3	2		1		
					6			8
	2	8		6	1		4	
4		9		8				
6			5			9		2

SUDOKU 초급

DATE:		TIME:	

Question 25

		4		8				3
		6	4					9
1				3			5	
	8				1	5		
5				2				1
		9	5				6	
	6			9				8
2					8	3		
	9			1			2	

SUDOKU 초급

DATE: TIME:

Question 26

				8	6			
		5				2		
7	6			2			5	1
5			6	7	2			
2		7		1		5		6
			8	4	5			2
1	2			5			9	4
		4				7		
			9	3				

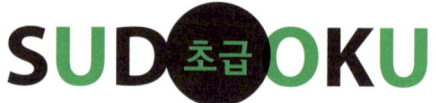

DATE: TIME:

Question 27

		7		4			2	
9			2		7			3
				6				
	7		4				6	
6		9				1		4
	2				8		7	
				1				
1			9		6			2
	4			3			8	

SUDOKU 초급

DATE: TIME:

Question 28

	5	2				9	7	
8			6		1			4
9				2				3
	3			1			6	
		7	8		5	2		
	4			7			1	
4				6				8
3			7		9			2
	9	1				3	5	

Question 29

		2			3	1		
	5		6		2		3	
6		3		4		2		7
9	2			3			8	
		6	8		9	7		
	3			7			1	4
3		4		1		6		2
	1		5		7		4	
		9	3			8		

SUD초급OKU

DATE: TIME:

Question 30

		3	5					
5		1						
	7			1	2	3	4	5
1			7				6	
		6				7		
	5				8			2
	3	2	1	9			8	
9						2		
				3	4		1	9

DATE: TIME:

Question 31

8				3	9	6		
	4	3			2		9	
		1						
4					6			
2	7			4				5
			3					6
						7		
	5						1	3
		1	8	4	2			

Question 32

5		3			7			8
		8	1		3	2		
		2			4			
	1						8	
8	3			4			9	7
	7						3	
		7			9			
		6	8		2	9		
9		1			6			5

SUDOKU 초급

DATE: TIME:

Question 33

	6	2					3	9
			3	2				
7	3			9			2	
		9						
8		1	2		7	9		5
						3		
	2			6			8	3
				4	2			
6	8					4	9	

SUDOKU 초급

DATE: TIME:

Question 34

	4		9	6				
					3			7
9							4	
	1		2		6	5		
3				7				
		7	4		1		3	
	3					1		
6			3					2
				2	9		6	

SUDOKU 초급

DATE: | TIME:

Question 35

4		3		1	9	6		2
	5		4				3	
				6				
5							7	
2		6				9		1
	3							8
				7				
	1				8		5	
8		2	9	5		7		6

SUDOKU 초급

DATE: | TIME:

Question 36

3			1		9			
		7				3		6
4				2				9
	8			1			7	
		1	4		5	6		
	7			3			5	
7			3					2
8		9						
			6		8			

SUD 초급 OKU

DATE: TIME:

Question 37

3		7			8		1	
2		6		4		5		
	9		5				7	
7					4			1
				2				
4			1					2
					1		9	
		9		5		8		7
	8		9					

SUDOKU 초급

DATE: | TIME:

Question 38

	9		5		2	4		
	8			3			9	
3		7				8		
	1				5			8
5		8				9		1
4			8				5	
		3				2		4
	6			5			1	
		4	6		3		8	

SUDOKU 초급

DATE: TIME:

Question 39

	3			7	5		6	
		9						5
	4		9					
2					6	4		
	9			4			3	
		7	5					2
					3		5	
9						1		
	8		6	9				4

SUDOKU 초급

DATE: TIME:

Question 40

				5			4	
5		3	8			2		
	9			7			8	
			5		2		3	
1		2		8		6		5
	8		7		3			
	4			2			9	
		6			7	8		4
	7			9				

SUDOKU 초급

DATE: TIME:

Question 41

		7				8	1	
5	1	6			9	4	7	
	8	3	4				2	5
	2		1	7				
			5	6	4			
				3	2	7		
7	3				1		4	
4		2				9		1
	9	1					6	

SUDOKU 초급

DATE: TIME:

Question 42

7			3	2	6			5
		1				8		
	3		4		8		7	
5		6				3		2
	2		8		1		9	
3		8				1		7
	5		2		9		6	
		4				2		
8			1	7	3			4

SUDOKU 초급

DATE: | TIME:

Question 43

5	2			6			3	7
7			9		1			8
		8				2		
	1			8			5	
9			5		7			1
	4			9			8	
		3				6		
6			8		2			5
4	7			5			1	9

SUDOKU 초급

DATE: TIME:

Question 44

7		5				8		
			5	8	2			
		1				6		
2				3				5
8	3			9		2		1
6								9
		8				1		
			1		8	5		
		6						

SUDOKU 초급

DATE: | TIME:

Question 45

		6				3		7
	3			6				
7			1		8			5
		5				7		
	6			1			9	
		4				1		
6			2		3			1
				8			3	
4		3				6		

DATE: TIME:

Question 46

2			5		7			3
	4						5	
5		8				9		7
3			6		9			1
		9		7		4		
7			2		5			8
6		2				1		5
	1						6	
4			3		1			9

DATE: _____ TIME: _____

Question 47

3			8			6	7	
		2			1			
8				7				
	3			8				
		4	7		9	8		
6				5			1	
	8			9				7
			6			9		5
	2	1			7			

62

SUD 초급 OKU

DATE: TIME:

Question 48

6			2			9		
	4			8			6	
		8			4			7
		7	1					3
	1			4			7	
2					6	8		
8		4	5					9
	7			6			5	
5					1	4		

Question 49

	7	2		3		9	4	
3			6		8			5
6		5		7		8		3
5			3		6			9
	6			8			5	
9			5		4			8
7		8		6		3		2
4			7		2			1
	9	1		5		4	6	

SUDOKU 초급

DATE: TIME:

Question 50

					9	4	7	1
	4	9	7	1				3
	3				5	6		8
	1		8	5		7		9
6		2				1		5
9		8		6	7		2	
7		5	6				4	
4				2	8	9	3	
2	8	3	9					

SUDOKU 초급

DATE:		TIME:	

Question 51

8			3			2		
	2			8			4	
		1			6			3
		7		9				4
	3		2		1		8	
1				3		7		
9			7					5
	8			1			3	
		2			3	9		

SUDOKU 초급

DATE:		TIME:	

Question 52

	9	7		4			1	
					7			
6	1	2		8		4		9
		8	3	1				
5					4			8
		1	2	5				
1	8	4		3		6		5
					5			
	7	5		6			9	

SUDOKU 초급

DATE: | TIME:

Question 53

		2			5	8	9	
4				7				6
	7		2					
1				2		5		
	6		5		8		3	
		4		3				2
					4			9
7				6				1
	2	8	3				4	

SUDOKU 초급

DATE: TIME:

Question 54

	5	3			7		1	
6	8	4				2		7
		2	8	9		3	5	
	2			6	5		3	
		8				7		
	9		3	7			4	
	3	9		2	4	5		
2		1				4	8	3
	7		1			9	2	

SUDOKU 초급

DATE: TIME:

Question 55

		9		4		1		
		2	1		8	4		
4	1						8	7
	9			3			5	
5			8		9			1
	7			6			3	
9	6						7	8
		7	6		5	2		
		1		8		9		

SUDOKU 초급

DATE: TIME:

Question 56

1				6			2	
			2			8		6
	8		1		7			
		7				4	9	
2			8		3			1
	1	6		9		3		
7			3		9		5	
		1			6			8
	6			8				

SUDOKU 초급

DATE: | TIME:

Question 57

	2		7				8	
7					9			3
		9	6			1		
	8			6		4		9
			1		4			
9		4		3			2	
		1			5	6		
5			8					2
	3				2		7	

SUDOKU 초급

DATE: TIME:

Question 58

					2		3	
9		5		4				
			9		7			
2		9		7		3		
	4		1		3		6	
		7		2		9		5
			7		9			
				1		7		3
	3		2					

SUDOKU 초급

DATE: | TIME:

Question 59

5							4	6
	7			5			9	
4			9		7			
		4	8		2	5		
	1						2	
		2			3	4		
			5		9			
	4			3				2
9	2							5

SUDOKU 초급

DATE: TIME:

Question 60

					7	4	9	
9		6		3				
2			9				8	
3						1		
	2			4			6	
		8						5
	6				4			7
				6		5		9
	7	1	5					

SUDOKU 초급

DATE: | TIME:

Question 61

	2		8		7		4	
3		4				5		6
	6						2	
5			9		6			8
				2				
6			7		4			5
	3						5	
7		6				4		1
	5		4		8		3	

SUDOKU 초급

DATE: | TIME:

Question 62

6					9			5
		1		5			6	
	7				3	1		
5					1	9		
	8			9			7	
		3	5					2
		9	1				8	
	6			4		3		
1		8			7			6

SUDOKU 초급

DATE: | TIME:

Question 63

3	2			5			4	9
4								8
		6	8		4	3		
		2	1		3	4		
1								5
		7	5		6	2		
		5	2		8	9		
6								3
2	9			4			6	7

SUDOKU 초급

DATE:		TIME:	

Question 64

	2		1		6		4	
				8				7
		8				1		
3				2				4
	4		6		5		2	
9				7				1
		9						
2				5		4		
	8		3		1		9	

SUDOKU 초급

DATE: | TIME:

Question 65

7		3	6					
	8						1	7
2					7	9		
9			1	8				
	2	8				5	4	
				5	2			3
		6	7					8
	1			6			9	
					5	4		

SUDOKU 초급

DATE: | TIME:

Question 66

	4		5		6		7	
5				9				8
						6		
4				8				7
	1		2		3		4	
3				7				6
		5						
2				6				5
	3		4		5		6	

SUDOKU 초급

DATE: TIME:

Question 67

5		6				1		
	9				5			7
		2		1			6	
3			2			6		
	4			9			7	
		1			6			5
	5			2		3		
2			9				8	
		7			8			2

SUDO초급OKU

DATE: TIME:

Question 68

7			8		2	4		
	5	2					3	6
	4			9				7
3						6		
		1		3			8	
4						9		
5			6		1	3		
	6			4				2
	1	7					6	4

SUD 초급 OKU

DATE: TIME:

Question 69

	8				4			
3		2						5
	6		7		1		8	
		3		7		8		
8								3
		5		9		1		
	5		4		9		2	
9						5		1
			3		6			

SUDOKU 초급

DATE: | TIME:

Question 70

	9				6	1		
		7		3		8		9
8	1		9				2	
9			4			7		
	3			7			4	
		4			8			3
	8				4		7	2
1		9		5		4		
		5	8				3	

SUDOKU 초급

DATE: TIME:

Question 71

		6		5			3	
7			2			6		4
	3	1				2		
				9			4	
3			1		7			9
	8			2				
		4				3	8	
9		7			8			6
				4			1	

SUDOKU 초급

DATE: TIME:

Question 72

	3							4
	1		5	4		6	9	
7		4	2	3		1	5	
8		9		7			6	
4			6		1			9
	7			9		5		2
	6	1		8	9	4		5
	4	2		6	5		3	
5							1	

SUDOKU 초급

DATE: | TIME:

Question 73

		9		7	5			
5			4	2		9		
	4						5	
		3			1			7
	9			8			1	
2			3			6		
	5						9	
		1		4	6			3
			7	9		1		

SUDOKU 초급

DATE: | TIME:

Question 74

	2		7					
		7			6			1
9				5		2	8	
	8				3			2
		9				3		
7			5				9	
	7	5		1				3
8			6			4		
					5		7	

SUD 초급 OKU

DATE:		TIME:	

Question 75

2	8			1				9
			9	4		6		8
	9	3			6	5		
		1		7			5	
8	6		2		3		9	1
	5			9		8		
		4	8			9	2	
5		9		2	7			
1				6			7	4

SUDOKU 초급

DATE: | TIME:

Question 76

1						3		4
8			7	1				
		3					8	6
	5		6		2			
	4			7			3	
			5		4		2	
4	8					2		
				2	6			1
6		5						7

SUDOKU 초급

DATE: TIME:

Question 77

2	3			4				
	8			2		1	9	
		4	6		9	2	8	
8								1
		5		3		7		
9								2
	9		4	6	1	3		5
	5	1					7	
3				5				

SUDOKU 초급

DATE:		TIME:	

Question 78

	1			4			9	
7		4				8		3
	3		1		7		2	
		9	3		8	1		
4				7				2
		3	4		2	6		
	2		6		1		3	
1		5				9		7
	4			8			5	

SUDOKU 초급

DATE: | TIME:

Question 79

				3		8	1	
			6					4
			1		8	9		
	1	8				4		2
6								1
		5	4				3	
1		7			9			
8					6			
	3	6		1				

SUD 초급 OKU

DATE:		TIME:	

Question 80

3			6		1			4
	5						1	
		9		7		3		
	6			8				
8	9		5				2	7
				1			3	
		6		9		4		
	8						5	
2			3		4			6

DATE: TIME:

Question 81

	3	6				8	4	
2			4		7			1
7		4		1		5		6
	8		1		4		7	
		9		3		4		
	6		8		5		3	
6		3		8		7		4
9			2		6			3
	1	5				2	6	

SUDOKU 초급

DATE: TIME:

Question 82

7		9			5			
	1			9				3
		6					4	
8			4			1		
	9			7			3	
		3			1			9
	2					8		
9				1			7	
			5			3		4

SUDOKU 초급

DATE: TIME:

Question 83

5	4			8			6	7
	8						3	
	3	1		9		4	2	
			8		6			
3		8				6		2
			7		3			
	1	3		4		2	9	
	5						4	
4	2			7			1	3

SUD초급OKU

DATE:		TIME:	

Question 84

5		3			7			8
		8	1		3	2		
		2			4			
	1						8	
8	3			4			9	7
	7						3	
		7			9			
		6	8		2	9		
9		1			6			5

SUDOKU 초급

DATE: TIME:

Question 85

4			8		3			9
	2	9				4	7	
	3						8	
3			6		8			2
				3				
1			4		9			7
	5						9	
	4	7				5	1	
6			9		5			8

SUDOKU 초급

DATE: TIME:

Question 86

	9	6			8			
1				4				7
			3					
		9			1			8
	1			3			5	
2			9			4		
		1			5			
7	2			8				4
			2				7	

SUDOKU 초급

DATE: TIME:

Question 87

6		1				4		2
	8			6			1	
3			2		5			7
		6		8		3		
	1		6		3		7	
		2		4		5		
8			3		4			5
	5			2			4	
4		9				6		8

SUDOKU 초급

DATE: | TIME:

Question 88

6		9	1		4	7		5
				2			9	
		5				3		6
9					3			
	7			9			3	
			7					4
8		7				2		
	1			7				
2		3	8		5	1		7

SUD초급OKU

DATE:		TIME:	

Question 89

	8				9	7		
6				7			4	
		1	8					6
	3				8			
		9				3		
			5				8	
3					5	8		1
	4			3				7
1		6	9					

SUDOKU 초급

DATE: TIME:

Question 90

	4	7	9		5	8		
2				8			3	
6				3				5
	2				6			7
9		3				4		6
4			8				2	
8				4				9
	5			6				8
		9	7		8	5	4	

SUDOKU 초급

DATE: | TIME:

Question 91

3					8	7		
	2			6			1	
		1	7					2
		8	6					9
	6			2			7	
2					1	6		
7					2	1		
	1			7			2	
		2	1					7

SUDOKU 초급

DATE:		TIME:	

Question 92

	8	7	9		2	3	1	
9				6				8
5				7				2
3			2		6			4
	4	6				5	2	
2			6		5			9
7			4		1			5
6			8					1
	2	1	5		3	6	4	

SUDOKU 초급

DATE: | TIME:

Question 93

		4	2	6	7	9		
	6						5	
7		3				2		6
5			9		8			2
9				3				5
1			6		5			9
3		2				8		4
	1						6	
		9	4	7	3	5		

SUDOKU 초급

DATE: TIME:

Question 94

			2		5			
		7		9		2		
	3						6	
1			3		7			5
	6			4			8	
8			5		2			3
	8						9	
		1		7		4		
			1		6			

SUDOKU 초급

DATE: | TIME:

Question 95

1		9	4		7			8
	7				1		4	
4		8		3		7		9
8	9		2		3			6
		4				9		
6			5		8		3	7
7		1		2		6		4
	4		8				7	
9			7		4			3

SUDOKU 초급

DATE: TIME:

Question 96

2		6	3					
	9			8		2		
7					1		3	
		8	6					1
	2			9			4	
5					2	7		
	3		8					9
		9		2			8	
					5	3		

SUDOKU 초급

DATE: TIME:

Question 97

1	2						8	
5	4					6		1
			2			3	4	
				9				
			1		7			
9			6	3		5		
	5							
7		1					5	3
8	6		5				1	4

SUD 초급 OKU

DATE: | TIME:

Question 98

	8				5			3
2				8	1			
				7				8
			5				4	
	7	4				1	2	
	1				2			
5				9				
			6	5				4
6		3				5		1

SUDOKU 초급

DATE: | TIME:

Question 99

7					4	6		
		6	3				4	
4					6			7
9			1			3		2
	1	2		3				
	3				9		1	
	6			8			3	
	7	4	2	5				
						7		1

SUDOKU 초급

DATE: TIME:

Question 100

	6					2		
7			8		1			6
3				6				1
		1				4		
	2		7		5		6	
		6				3		
9				5				2
			9		4		7	
	5						1	

SUD 초급 OKU

DATE: TIME:

Question 101

		2	6		8	9		
	8						5	
4			3	9				8
6						2		4
		7		1		8		
3		8						9
9				6	2			3
	1						6	
		6	4		5	7		

SUDOKU 초급

DATE: | TIME:

Question 102

		2				1		
	5		6		9		3	
4				1				9
	2						6	
5				7				2
	3						7	
3				2				6
	8		9		1		5	
		1				3		

SUDOKU 초급

DATE: TIME:

Question 103

6		3	7		1	2		9
4	7			9			1	6
8		1	6		4	5		7
		4				3		
	1			4			5	
3			1		2			8
		5	4		7	6		
	4						9	
2		7		6		1		4

SUDOKU 초급

DATE: TIME:

Question 104

8								9
			5			2		
		9	3	4		1	6	
	5	7	2					
		6		1		3		
					9	8	4	
	2	4		7	1	9		
		3			6			
1								4

SUD 초급 OKU

DATE: | TIME:

Question 105

			3		4		9	
		4		8				3
	5				6	2		
1			6		8	9		4
	6			5			7	
4		2	9		7			5
		6	8				2	
3				4		6		
	4		5		2			

Question 106

	9			5				7
1	5				4		8	
		3				1		
4				2				1
		9	1		5	7		
5				9				3
		1				3		
	4		7		2		5	
6			9				1	2

SUDOKU 초급

DATE: TIME:

Question 107

		7	2	3	4			9
							8	
	9	4	1			7		
					6			
6	7			5			2	8
			4					
		3			9	1	6	
	2							
1			7	6	8	3		

SUD초급OKU

DATE: | TIME:

Question 108

3				2			5	7
		7	1					8
	4				5	6		
6	1				4	5		
7				3				9
		4	5				3	6
		6	9				2	
8					1	3		
5	2			7				4

DATE: TIME:

Question 109

4		1			3			2
		2	5					1
	7			1	9		4	
2		5					3	
		7				1		
	3					7		6
	5		1	4			8	
6				9		3		
			3				6	4

SUDOKU 초급

DATE: TIME:

Question 110

2	3		9	7				4
		8	3					9
7					2		3	
		9			7		4	
	1		2		9			
			1			9		
	4		5			1		2
1					8			
9				2	1		7	8

SUDOKU 초급

DATE: | TIME:

Question 111

	3		8		6			1
	4		9					5
5			1		7	3	2	
6		7		2			3	
		8				7		
	5			8		1		2
	2	5	6		3			9
9					4		8	
4			2		8		5	

SUDOKU 초급

DATE: TIME:

Question 112

7		4					8	6
	9				4	3		
			5	1				
2					3	6		
				4			2	
	6	3	1					8
				5	2			
		8	6			4		
6	3						1	7

SUDOKU 초급

DATE: | TIME:

Question 113

			9		6	3	2	
	2			5				8
		8		4		5		7
2					7			3
	6	5				2	7	
8			3					6
5		1		7		9		
6				3			8	
	4	3	8		5			

SUDOKU 초급

DATE: | TIME:

Question 114

	4						2	
8					2	6		3
	6			3				1
		4			3		7	
	3			9			8	
	1		5			2		
9				8			6	
4		1	3					8
	8						1	

SUDOKU 초급

DATE: | TIME:

Question 115

		4	3		9	1		
	5			6			9	
	9			2				5
2		6	1					7
5								2
1					4	5		9
7				1			5	
	1			4			3	
		5	8		2	9		

SUDOKU 초급

DATE: TIME:

Question 116

7					8	2		
		8		1				7
	4		5				3	
5				8		7		
	3		7		1			
		7		6				
	9				2			
3			1			6		
		4	8				2	

SUDOKU 초급

DATE: TIME:

Question 117

		6	1					
	2			7		6	3	
	4				3			9
3		7	8		4			6
6				1				3
2			5		6	7		8
1			4				6	
	7	8		9			2	
					7	4		

SUDOKU 초급

DATE: | TIME:

Question 118

			3	6		9		
		7			5		1	
	6					4		8
		6		8			5	
7			4		1			
	8			9		2		
9		1					6	
	4		2			3		
		8		1	4			9

SUDOKU 초급

DATE: | TIME:

Question 119

2						5	4	
					5			8
	4	9			7			3
			6			3	8	
8			9		1			6
	2	5			8			
3			7			4	6	
9			5					
	5	7						1

SUDOKU 초급

DATE: TIME:

Question 120

3			2			9		
	9			4			2	
		8			5			1
1			7		9	8		
	3			8			1	
		4	3		6			7
2			1			5		
	8			9			7	
		5			4			6

DATE: TIME:

Question 121

		5			9			3
6			1		7			
8						2		
	3		4			5		
	1			2			9	
		7			1		8	
		1						2
			3		4			6
7			5			8		

SUDOKU 초급

DATE: TIME:

Question 122

			8		4		1	
		8		5			3	4
1	5					2		
		9			2			6
	7			3			4	
3			1					
		5				4		3
6	8			4		5		
	2		7			1		

SUDOKU 초급

DATE: TIME:

Question 123

	6			2			9	
		7		4			3	
2					3			1
9					6	4		
	3		4		2		6	
		6	5					3
7			2					9
	1			3		6		
	8			7			5	

SUDOKU 초급

DATE: TIME:

Question 124

8	5						2	9
			4		7			
		1		2		3		
6				1			7	
		5	8		4	9		
	2			5				6
		7		9		6		
			3		2			
9	8						1	4

SUDOKU 초급

DATE: TIME:

Question 125

	3		1	8			5	
		6			2	1		
		4					3	
2			8	7			9	
7								2
	1			9	3			5
	4							
6				2	5		4	

SUDOKU 초급

DATE: | TIME:

Question 126

6		4				1		
7			1		5		6	
5			6			7		
	6		2				7	
		5		8				
	8				6	4	5	
3		6			7			9
	4		5		9			1
		1				8	3	

SUDOKU 초급

DATE: | TIME:

Question 127

				6			3	
5		4						6
7		6		4	9	8		2
3		5						4
			2		7			
2						6		3
			3	5		7		
4						2		8
	2				6			

SUD초급OKU

DATE: TIME:

Question 128

	3						9	
8	5		2		4		3	7
		9		1		5		
5	2			8			6	1
7	1			5			4	2
		4	3		1	8		
		1	9		2	7		
	9		1		6		8	
2		7		3		6		9

SUDOKU 초급

DATE: TIME:

Question 129

4				3				
	3				4		2	
		6						8
8			7			5		
	1			2			3	
		5			1			7
9						4		
	2		8				1	
				5				6

SUDOKU 초급

DATE: TIME:

Question 130

2		4					3	7
				6		8	2	
	6		7	8				
		9	6					2
	7						1	
4					9	7		
				4	1		7	
	4	7		9				
6	5					1		4

SUDOKU 초급

DATE: TIME:

Question 131

3		5				1		
	1				2		3	
4				1				6
	3		2		7		8	
		6				3		
	9		1		4		2	
1				5				9
		4			6		5	
		7				4		

SUDOKU 초급

DATE: | TIME:

Question 132

		7	9					
	8					7	6	
	9				8			5
		6		3				4
			8	5	6			
5				1		3		
4			1				9	
	3	2					8	
					5	6		

SUDOKU 초급

DATE: TIME:

Question 133

		4	6			3		
	8			3			1	
7		6	1		9	8		5
5		7		6		1		
	9		7	8	4		5	
		3		5		6		4
4		9	8		3	5		2
	1			7			4	
		8			5	7		

SUDOKU 초급

DATE: TIME:

Question 134

		1	4			9	5	
	8			9				3
	5				1			6
		7	2			5	1	
	9	8			4	7		
1			7				2	
2				6			8	
	3	4			5	6		

SUDO 초급 KU

DATE: TIME:

Question 135

3			2	5		9	4	
					6		7	1
		1						
	1			4	9			
9			1		3			4
			6	2			1	
1						2		
6	4		3					
	3			1	8			7

SUDOKU 초급

DATE: TIME:

Question 136

7			2				4	
1	6		9		5			8
		4		6		1		
9	3				6		5	
		1				3		
	7			3			1	9
		5		1		9		
6			5		3		8	4
	9				8		3	

SUD 초급 OKU

DATE: | TIME:

Question 137

6							9	
		3	9				6	
		7	3	1		2	4	
	9			8				6
	4		2		5		7	
8				7			3	
	7	8		9	2	1		
	6				4	9		
	3							4

SUDOKU 초급

DATE: | TIME:

Question 138

	1					9		4
5				9		8		
	6	2		1			7	
			6	8	1			
6	3						9	5
			5	3	9			
	4			6		7	3	
		9		4				6
7		6					5	

DATE: TIME:

Question 139

	3	9				2	7	
2			4	3	7			5
5		8				6		3
	6			5			3	
	9		2		1		5	
	2			6			1	
3		7				1		4
6			7	2	3			9
	8	2				3	6	

SUD 초급 OKU

DATE: TIME:

Question 140

9			5		7			1
		4				2		
	5			6			3	
7			2		4			6
		2				8		
1			3		9			2
	3			2			7	
		8				4		
4			7		8			9

Question 141

		8	7		9	1		
		3				4		
7	5			6			8	9
2								1
		5		1		6		
3								2
8	3			5			1	7
		4				8		
		2	8		3	5		

SUDOKU 초급

DATE: TIME:

Question 142

	8							1
4			9	1		6		
		1	4				9	
5				7	2			
1						2		9
		2	1					4
			2		1	9		5
		8	5		9			
2	5					1		

SUDOKU 초급

DATE: | TIME:

Question 143

					8		9	4
	1	8		6				7
	6				2	8		
			6	9		5		2
		6				1		
5		9		8	1			
		3	8				4	
7				1		9	3	
6	8		9					

SUDOKU 초급

DATE: TIME:

Question 144

1		9				5		6
	2			9				
			1		2	3		
	4							3
		7				1		
8							9	
		1	5		8			
				2			6	5
3		4				8		

SUDOKU 초급

DATE: TIME:

Question 145

1	7			6			3	2
5	3			1			6	8
			4		2			
		9	2		1	8		
8	1						9	4
		7	3		8	5		
			9		6			
3	9			7			2	1
2	6			8			4	9

DATE: | TIME:

Question 146

2	3		5					4
6		1		2				
4		7	3		8			
	1					7	9	
7		6				5		1
	2	4					3	
		8		2	4			7
			1		9			8
1				9		5	3

161

SUD 초급 OKU

DATE: TIME:

Question 147

	3	9				2	7	
2			4	3	7			5
5		8				6		3
	6			5			3	
	9		2		1		5	
	2			6			1	
3		7						4
6			7	2	3			9
	8	2				3	6	

SUD초급OKU

DATE: **TIME:**

Question 148

			9		6	3	2	
	2			5				8
		8		4		5		7
2					7			3
	6	5				2	7	
8			3					6
5		1		7		9		
6				3			8	
	4	3	8		5			

163

SUD초급OKU

DATE: TIME:

Question 149

	7	8	1	2				5
	5							1
					7		8	
	4	5		1				2
1			8					6
2		3		6	8			
	2	7						
	4				9			
9			1	3		5		

SUDOKU 초급

DATE: TIME:

Question 150

		2				1		
				4				
6		9	5		7	4		2
		1	4		5	8		
	6						7	
		7	6		9	3		
4		8	7		1	9		6
				5				
		6				2		

SUDOKU 초급

DATE: TIME:

Question 151

		1	4			9	5	
	8			9				3
	5				1			
		7	2			5	1	
	9	8			4	7		
1			7				2	
2				6			8	
	3	4			5	6		

SUDOKU 초급

DATE: TIME:

Question 152

9	6	2	4	7	1			
			6	3	9			
3						7	9	6
	2	4			3			
		5		8		4	7	
			1				5	
4	3	7						8
			7	5	8			
						2	1	7

SUDOKU 초급

DATE:		TIME:	

Question 153

2				5				
		8	3			7		
	5				4			
3			8	4			2	
		4				9		
	2			3	6			1
			4				5	
		9			2	6		
				1				7

SUD 초급 OKU

DATE: TIME:

Question 154

	3						8	
1	9				3	7		5
				6				3
		4	3				6	
	5			9			3	
	6				5	1		
8				5				
3		1	6				5	4
	7						9	

SUDOKU 초급

DATE: | TIME:

Question 155

	7		4		9	6		
3		9						
				7			5	4
	1			8			9	
9								8
	2			9			6	
4	8			5				
						8		9
		2	8		7		4	

SUDOKU 초급

DATE: | TIME:

Question 156

4				3				
	3				4		2	
		6						8
8			7			5		
	1			2			3	
		5			1			7
9						4		
	2		8				1	
				5				6

SUDOKU 초급

DATE: TIME:

Question 157

		8				4		
1				9			6	
	2		3					
			8		9		3	
9	8						2	6
	3		6		5			
3					2		4	
	7			1				8
		9				3		

SUDOKU 초급

DATE: | TIME:

Question 158

	2	7	5					6
4				8				1
3					4	7	2	
		2	3					
	8			1			6	
					6	8		
	9	6	8					7
2				3				8
8					2	1	9	

SUDOKU 초급

DATE: TIME:

Question 159

			8	6	9	1		
		2					8	
	3			5				4
		4		1				2
9			7		5			8
6				3		4		
4				2			7	
	1					6		
		5	4	9	6			

SUD 초급 OKU

DATE:		TIME:	

Question 160

			5	9	4			
4								2
		3				9		
3		7	4		8	5		9
		8		3		2		
9		4	1		7	8		3
		6				7		
1								6
			9	6	3			

SUD정답OKU

Answer 1

8	9	1	5	4	6	7	2	3
5	3	2	1	7	9	8	6	4
7	4	6	2	8	3	1	5	9
9	5	8	7	6	4	2	3	1
1	2	4	3	9	5	6	7	8
6	7	3	8	2	1	4	9	5
3	8	7	9	1	2	5	4	6
4	1	9	6	5	7	3	8	2
2	6	5	4	3	8	9	1	7

Answer 2

1	3	9	8	6	7	5	2	4
8	4	6	2	5	3	9	7	1
7	2	5	4	9	1	8	3	6
6	9	2	7	3	5	4	1	8
3	1	8	6	2	4	7	5	9
5	7	4	1	8	9	3	6	2
2	6	7	3	4	8	1	9	5
4	5	3	9	1	6	2	8	7
9	8	1	5	7	2	6	4	3

Answer 3

1	9	3	2	8	7	5	6	4
7	6	8	4	9	5	1	3	2
2	5	4	1	3	6	7	9	8
3	1	7	5	6	8	4	2	9
9	8	2	3	1	4	6	7	5
6	4	5	7	2	9	3	8	1
4	3	9	6	5	2	8	1	7
8	7	6	9	4	1	2	5	3
5	2	1	8	7	3	9	4	6

Answer 4

4	8	7	9	5	2	3	1	6
9	1	2	3	6	4	7	5	8
5	6	3	1	7	8	4	9	2
3	9	5	2	1	6	8	7	4
1	4	6	7	8	9	5	2	3
2	7	8	4	3	5	1	6	9
7	3	9	6	4	1	2	8	5
6	5	4	8	2	7	9	3	1
8	2	1	5	9	3	6	4	7

Answer 5

8	4	2	5	6	1	9	3	7
5	6	1	7	3	9	2	8	4
9	3	7	8	2	4	6	1	5
1	7	4	2	9	8	3	5	6
3	2	5	1	7	6	4	9	8
6	9	8	3	4	5	1	7	2
2	5	6	9	8	3	7	4	1
4	1	3	6	5	7	8	2	9
7	8	9	4	1	2	5	6	3

Answer 6

9	5	4	2	6	8	3	1	7
2	1	6	9	7	3	8	5	4
7	8	3	1	4	5	2	9	6
5	6	9	7	3	2	1	4	8
8	4	2	5	1	9	6	7	3
3	7	1	4	8	6	5	2	9
6	2	7	3	5	4	9	8	1
4	3	5	8	9	1	7	6	2
1	9	8	6	2	7	4	3	5

SUD 정답 OKU

Answer 7

6	3	8	2	1	7	5	4	9
9	5	2	6	8	4	1	3	7
7	1	4	5	9	3	2	8	6
2	9	5	3	6	8	4	7	1
3	7	1	4	5	9	6	2	8
4	8	6	7	2	1	3	9	5
5	6	7	8	4	2	9	1	3
8	4	9	1	3	5	7	6	2
1	2	3	9	7	6	8	5	4

Answer 8

6	4	5	9	2	3	8	7	1
7	8	2	6	1	5	9	3	4
3	9	1	7	8	4	5	2	6
5	1	8	3	4	6	2	9	7
4	3	9	2	7	8	1	6	5
2	7	6	1	5	9	3	4	8
8	6	4	5	9	2	7	1	3
9	5	7	4	3	1	6	8	2
1	2	3	8	6	7	4	5	9

Answer 9

1	9	3	6	4	7	2	8	5
2	8	4	9	1	5	3	6	7
5	6	7	2	3	8	1	9	4
6	1	5	3	8	4	9	7	2
3	4	9	7	2	6	8	5	1
7	2	8	5	9	1	4	3	6
4	3	6	8	7	2	5	1	9
9	7	1	4	5	3	6	2	8
8	5	2	1	6	9	7	4	3

Answer 10

7	5	2	3	4	6	1	9	8
8	4	1	7	9	2	3	6	5
6	9	3	8	5	1	2	7	4
9	6	4	2	1	7	8	5	3
2	3	5	6	8	9	4	1	7
1	7	8	4	3	5	6	2	9
5	8	9	1	6	3	7	4	2
4	2	6	5	7	8	9	3	1
3	1	7	9	2	4	5	8	6

Answer 11

9	5	3	1	7	2	4	8	6
1	7	6	4	3	8	5	9	2
8	2	4	5	6	9	1	3	7
5	8	1	2	4	6	9	7	3
3	9	2	7	5	1	8	6	4
4	6	7	8	9	3	2	5	1
6	3	5	9	2	4	7	1	8
7	4	8	6	1	5	3	2	9
2	1	9	3	8	7	6	4	5

Answer 12

7	9	8	3	4	5	1	2	6
5	3	4	6	2	1	7	8	9
1	6	2	9	7	8	5	4	3
6	2	5	7	8	3	4	9	1
9	1	3	5	6	4	8	7	2
4	8	7	2	1	9	6	3	5
2	5	1	8	9	7	3	6	4
3	7	6	4	5	2	9	1	8
8	4	9	1	3	6	2	5	7

SUDO정답OKU

Answer 13

8	3	1	6	7	2	9	4	5
7	4	9	8	5	1	6	2	3
6	5	2	9	4	3	7	1	8
4	7	6	1	8	9	3	5	2
1	2	3	5	6	4	8	9	7
9	8	5	2	3	7	4	6	1
2	6	7	3	9	5	1	8	4
5	9	4	7	1	8	2	3	6
3	1	8	4	2	6	5	7	9

Answer 14

3	8	9	1	5	4	2	7	6
1	6	7	3	2	9	4	5	8
4	2	5	6	8	7	3	1	9
6	4	1	9	3	5	8	2	7
7	3	8	2	4	1	9	6	5
5	9	2	7	6	8	1	4	3
9	1	6	8	7	2	5	3	4
2	5	3	4	9	6	7	8	1
8	7	4	5	1	3	6	9	2

Answer 15

3	1	9	7	5	8	6	4	2
6	2	7	3	4	1	5	9	8
5	8	4	2	9	6	1	3	7
2	6	5	1	3	9	8	7	4
7	4	3	8	6	5	2	1	9
1	9	8	4	7	2	3	6	5
8	5	6	9	1	4	7	2	3
4	7	1	5	2	3	9	8	6
9	3	2	6	8	7	4	5	1

Answer 16

3	9	1	4	5	6	2	8	7
6	2	5	8	1	7	9	4	3
7	4	8	3	9	2	1	5	6
9	3	6	5	7	1	4	2	8
2	8	4	6	3	9	5	7	1
5	1	7	2	8	4	3	6	9
8	6	3	1	2	5	7	9	4
4	7	2	9	6	3	8	1	5
1	5	9	7	4	8	6	3	2

Answer 17

7	2	1	9	5	4	3	6	8
8	4	9	6	1	3	7	2	5
3	6	5	2	7	8	9	4	1
2	8	6	5	3	9	4	1	7
1	3	7	4	8	6	5	9	2
5	9	4	1	2	7	6	8	3
9	5	8	7	6	2	1	3	4
4	1	3	8	9	5	2	7	6
6	7	2	3	4	1	8	5	9

Answer 18

5	1	9	2	8	4	3	6	7
8	2	7	6	9	3	1	5	4
6	4	3	5	1	7	2	9	8
4	3	6	7	2	8	9	1	5
9	8	2	3	5	1	4	7	6
1	7	5	9	4	6	8	3	2
7	9	8	4	3	5	6	2	1
2	6	1	8	7	9	5	4	3
3	5	4	1	6	2	7	8	9

SUD정답OKU

Answer 19

8	9	7	6	4	2	3	1	5
3	1	6	5	8	7	4	9	2
4	2	5	3	9	1	7	6	8
1	7	2	4	3	8	6	5	9
9	8	3	1	6	5	2	7	4
6	5	4	2	7	9	8	3	1
7	3	8	9	1	4	5	2	6
5	4	9	7	2	6	1	8	3
2	6	1	8	5	3	9	4	7

Answer 20

8	1	2	3	4	9	6	5	7
5	4	7	8	1	6	3	2	9
6	3	9	5	2	7	4	8	1
9	8	4	7	6	2	1	3	5
1	7	6	4	5	3	8	9	2
2	5	3	1	9	8	7	6	4
3	9	1	6	7	5	2	4	8
7	6	5	2	8	4	9	1	3
4	2	8	9	3	1	5	7	6

Answer 21

8	4	7	2	5	3	6	1	9
1	2	5	9	6	4	3	8	7
3	9	6	1	7	8	2	4	5
7	1	2	8	3	5	4	9	6
6	3	9	7	4	1	8	5	2
4	5	8	6	9	2	1	7	3
5	7	4	3	1	6	9	2	8
9	8	3	4	2	7	5	6	1
2	6	1	5	8	9	7	3	4

Answer 22

1	4	7	3	9	5	6	2	8
5	9	8	2	7	6	3	1	4
6	3	2	8	4	1	5	9	7
8	6	5	7	1	3	9	4	2
3	1	4	9	8	2	7	5	6
7	2	9	6	5	4	1	8	3
2	5	3	1	6	8	4	7	9
4	7	6	5	2	9	8	3	1
9	8	1	4	3	7	2	6	5

Answer 23

5	8	2	3	6	7	9	4	1
7	6	1	8	9	4	2	5	3
4	9	3	5	2	1	7	8	6
1	5	9	2	7	8	6	3	4
2	3	8	4	1	6	5	9	7
6	7	4	9	3	5	1	2	8
9	1	5	7	8	3	4	6	2
3	4	6	1	5	2	8	7	9
8	2	7	6	4	9	3	1	5

Answer 24

9	4	5	6	1	8	7	2	3
1	8	3	2	7	9	6	5	4
7	6	2	4	3	5	8	9	1
3	1	6	8	9	4	2	7	5
8	5	4	3	2	7	1	6	9
2	9	7	1	5	6	4	3	8
5	2	8	9	6	1	3	4	7
4	3	9	7	8	2	5	1	6
6	7	1	5	4	3	9	8	2

SUD 정답 OKU

Answer 25

9	5	4	1	8	2	6	7	3
3	2	6	4	5	7	1	8	9
1	7	8	6	3	9	2	5	4
6	8	2	9	4	1	5	3	7
5	3	7	8	2	6	9	4	1
4	1	9	5	7	3	8	6	2
7	6	3	2	9	5	4	1	8
2	4	1	7	6	8	3	9	5
8	9	5	3	1	4	7	2	6

Answer 26

3	1	2	5	8	6	9	4	7
4	8	5	1	9	7	2	6	3
7	6	9	4	2	3	8	5	1
5	3	8	6	7	2	4	1	9
2	4	7	3	1	9	5	8	6
6	9	1	8	4	5	3	7	2
1	2	3	7	5	8	6	9	4
9	5	4	2	6	1	7	3	8
8	7	6	9	3	4	1	2	5

Answer 27

3	6	7	1	4	9	8	2	5
9	5	4	2	8	7	6	1	3
8	1	2	3	6	5	4	9	7
5	7	3	4	9	1	2	6	8
6	8	9	7	2	3	1	5	4
4	2	1	6	5	8	3	7	9
2	9	5	8	1	4	7	3	6
1	3	8	9	7	6	5	4	2
7	4	6	5	3	2	9	8	1

Answer 28

6	5	2	4	3	8	9	7	1
8	7	3	6	9	1	5	2	4
9	1	4	5	2	7	6	8	3
5	3	8	9	1	2	4	6	7
1	6	7	8	4	5	2	3	9
2	4	9	3	7	6	8	1	5
4	2	5	1	6	3	7	9	8
3	8	6	7	5	9	1	4	2
7	9	1	2	8	4	3	5	6

Answer 29

4	9	2	7	8	3	1	6	5
7	5	1	6	9	2	4	3	8
6	8	3	1	4	5	2	9	7
9	2	7	4	3	1	5	8	6
1	4	6	8	5	9	7	2	3
8	3	5	2	7	6	9	1	4
3	7	4	9	1	8	6	5	2
2	1	8	5	6	7	3	4	9
5	6	9	3	2	4	8	7	1

Answer 30

2	8	3	5	4	6	9	7	1
5	4	1	9	7	3	8	2	6
6	7	9	8	1	2	3	4	5
1	2	8	7	5	9	4	6	3
3	9	6	4	2	1	7	5	8
7	5	4	3	6	8	1	9	2
4	3	2	1	9	5	6	8	7
9	1	5	6	8	7	2	3	4
8	6	7	2	3	4	5	1	9

SUD정답OKU

Answer 31

8	2	7	1	3	9	6	5	4
6	4	3	7	5	2	8	9	1
5	9	1	8	6	4	2	7	3
4	3	5	2	8	6	9	1	7
2	7	6	9	4	1	3	8	5
1	8	9	3	7	5	4	2	6
9	6	2	5	1	3	7	4	8
7	5	4	6	9	8	1	3	2
3	1	8	4	2	7	5	6	9

Answer 32

5	6	3	9	2	7	1	4	8
7	4	8	1	6	3	2	5	9
1	9	2	5	8	4	7	6	3
6	1	9	7	3	5	4	8	2
8	3	5	2	4	1	6	9	7
2	7	4	6	9	8	5	3	1
4	2	7	3	5	9	8	1	6
3	5	6	8	1	2	9	7	4
9	8	1	4	7	6	3	2	5

Answer 33

4	6	2	5	7	1	8	3	9
1	9	5	3	2	8	7	4	6
7	3	8	6	9	4	5	2	1
3	5	9	4	1	6	2	7	8
8	4	1	2	3	7	9	6	5
2	7	6	9	8	5	3	1	4
5	2	4	7	6	9	1	8	3
9	1	3	8	4	2	6	5	7
6	8	7	1	5	3	4	9	2

Answer 34

7	4	3	9	6	5	8	2	1
2	8	6	1	4	3	9	5	7
9	5	1	7	8	2	6	4	3
4	1	8	2	3	6	5	7	9
3	2	9	5	7	8	4	1	6
5	6	7	4	9	1	2	3	8
8	3	2	6	5	7	1	9	4
6	9	5	3	1	4	7	8	2
1	7	4	8	2	9	3	6	5

Answer 35

4	7	3	5	1	9	6	8	2
6	5	9	4	8	2	1	3	7
1	2	8	3	6	7	4	9	5
5	9	1	8	4	6	2	7	3
2	8	6	7	3	5	9	4	1
7	3	4	2	9	1	5	6	8
3	6	5	1	7	4	8	2	9
9	1	7	6	2	8	3	5	4
8	4	2	9	5	3	7	1	6

Answer 36

3	5	8	1	6	9	4	2	7
2	9	7	5	8	4	3	1	6
4	1	6	7	2	3	5	8	9
5	8	3	9	1	6	2	7	4
9	2	1	4	7	5	6	3	8
6	7	4	8	3	2	9	5	1
7	6	5	3	4	1	8	9	2
8	4	9	2	5	7	1	6	3
1	3	2	6	9	8	7	4	5

SUD 정답 OKU

Answer 37

3	5	7	2	6	8	4	1	9
2	1	6	7	4	9	5	3	8
8	9	4	5	1	3	2	7	6
7	2	5	6	3	4	9	8	1
9	6	1	8	2	7	3	4	5
4	3	8	1	9	5	7	6	2
5	7	2	4	8	1	6	9	3
1	4	9	3	5	6	8	2	7
6	8	3	9	7	2	1	5	4

Answer 38

6	9	1	5	8	2	4	3	7
2	8	5	4	3	7	1	9	6
3	4	7	1	6	9	8	2	5
9	1	2	3	4	5	6	7	8
5	3	8	7	2	6	9	4	1
4	7	6	8	9	1	3	5	2
1	5	3	9	7	8	2	6	4
8	6	9	2	5	4	7	1	3
7	2	4	6	1	3	5	8	9

Answer 39

8	3	2	4	7	5	9	6	1
6	7	9	3	1	8	2	4	5
5	4	1	9	6	2	3	7	8
2	5	3	1	8	6	4	9	7
1	9	8	2	4	7	5	3	6
4	6	7	5	3	9	8	1	2
7	1	4	8	2	3	6	5	9
9	2	6	7	5	4	1	8	3
3	8	5	6	9	1	7	2	4

Answer 40

8	2	7	3	5	6	1	4	9
5	1	3	8	4	9	2	6	7
6	9	4	2	7	1	5	8	3
7	6	9	5	1	2	4	3	8
1	3	2	9	8	4	6	7	5
4	8	5	7	6	3	9	1	2
3	4	8	6	2	5	7	9	1
9	5	6	1	3	7	8	2	4
2	7	1	4	9	8	3	5	6

Answer 41

2	4	7	3	5	6	8	1	9
5	1	6	8	2	9	4	7	3
9	8	3	4	1	7	6	2	5
6	2	9	1	7	8	5	3	4
3	7	8	5	6	4	1	9	2
1	5	4	9	3	2	7	8	6
7	3	5	6	9	1	2	4	8
4	6	2	7	8	3	9	5	1
8	9	1	2	4	5	3	6	7

Answer 42

7	8	9	3	2	6	4	1	5
6	4	1	9	5	7	8	2	3
2	3	5	4	1	8	6	7	9
5	1	6	7	9	4	3	8	2
4	2	7	8	3	1	5	9	6
3	9	8	5	6	2	1	4	7
1	5	3	2	4	9	7	6	8
9	7	4	6	8	5	2	3	1
8	6	2	1	7	3	9	5	4

SUD 정답 OKU

Answer 43

5	2	9	4	6	8	1	3	7
7	3	4	9	2	1	5	6	8
1	6	8	3	7	5	2	9	4
3	1	7	2	8	4	9	5	6
9	8	6	5	3	7	4	2	1
2	4	5	1	9	6	7	8	3
8	5	3	7	1	9	6	4	2
6	9	1	8	4	2	3	7	5
4	7	2	6	5	3	8	1	9

Answer 44

7	2	5	4	6	1	8	9	3
9	6	3	5	8	2	4	1	7
4	8	1	3	7	9	6	5	2
2	1	9	8	3	4	7	6	5
8	3	7	6	9	5	2	4	1
6	5	4	2	1	7	3	8	9
5	7	8	9	2	6	1	3	4
3	9	2	1	4	8	5	7	6
1	4	6	7	5	3	9	2	8

Answer 45

8	4	6	5	9	2	3	1	7
5	3	1	7	6	4	8	2	9
7	9	2	1	3	8	4	6	5
1	8	5	3	2	9	7	4	6
3	6	7	4	1	5	2	9	8
9	2	4	8	7	6	1	5	3
6	5	8	2	4	3	9	7	1
2	7	9	6	8	1	5	3	4
4	1	3	9	5	7	6	8	2

Answer 46

2	9	6	5	1	7	8	4	3
1	4	7	9	3	8	6	5	2
5	3	8	4	2	6	9	1	7
3	2	4	6	8	9	5	7	1
8	5	9	1	7	3	4	2	6
7	6	1	2	4	5	3	9	8
6	8	2	7	9	4	1	3	5
9	1	3	8	5	2	7	6	4
4	7	5	3	6	1	2	8	9

Answer 47

3	1	9	8	2	5	6	7	4
7	4	2	3	6	1	5	9	8
8	6	5	9	7	4	2	3	1
2	3	7	1	8	6	4	5	9
1	5	4	7	3	9	8	6	2
6	9	8	4	5	2	7	1	3
5	8	6	2	9	3	1	4	7
4	7	3	6	1	8	9	2	5
9	2	1	5	4	7	3	8	6

Answer 48

6	3	5	2	1	7	9	8	4
7	4	2	9	8	3	1	6	5
1	9	8	6	5	4	3	2	7
4	8	7	1	2	5	6	9	3
9	1	6	3	4	8	5	7	2
2	5	3	7	9	6	8	4	1
8	6	4	5	3	2	7	1	9
3	7	1	4	6	9	2	5	8
5	2	9	8	7	1	4	3	6

SUDOKU 정답

Answer 49

8	7	2	1	3	5	9	4	6
3	1	9	6	4	8	7	2	5
6	4	5	2	7	9	8	1	3
5	8	4	3	2	6	1	7	9
1	6	3	9	8	7	2	5	4
9	2	7	5	1	4	6	3	8
7	5	8	4	6	1	3	9	2
4	3	6	7	9	2	5	8	1
2	9	1	8	5	3	4	6	7

Answer 50

5	2	6	3	8	9	4	7	1
8	4	9	7	1	6	2	5	3
1	3	7	2	4	5	6	9	8
3	1	4	8	5	2	7	6	9
6	7	2	4	9	3	1	8	5
9	5	8	1	6	7	3	2	4
7	9	5	6	3	1	8	4	2
4	6	1	5	2	8	9	3	7
2	8	3	9	7	4	5	1	6

Answer 51

8	5	9	3	4	7	2	6	1
3	2	6	1	8	9	5	4	7
4	7	1	5	2	6	8	9	3
2	6	7	8	9	5	3	1	4
5	3	4	2	7	1	6	8	9
1	9	8	6	3	4	7	5	2
9	4	3	7	6	8	1	2	5
7	8	5	9	1	2	4	3	6
6	1	2	4	5	3	9	7	8

Answer 52

8	9	7	6	4	2	5	1	3
4	5	3	1	9	7	8	6	2
6	1	2	5	8	3	4	7	9
9	4	8	3	1	6	2	5	7
5	2	6	9	7	4	1	3	8
7	3	1	2	5	8	9	4	6
1	8	4	7	3	9	6	2	5
3	6	9	4	2	5	7	8	1
2	7	5	8	6	1	3	9	4

Answer 53

3	1	2	6	4	5	8	9	7
4	8	9	1	7	3	2	5	6
5	7	6	2	8	9	4	1	3
1	9	3	4	2	6	5	7	8
2	6	7	5	9	8	1	3	4
8	5	4	7	3	1	9	6	2
6	3	1	8	5	4	7	2	9
7	4	5	9	6	2	3	8	1
9	2	8	3	1	7	6	4	5

Answer 54

9	5	3	2	4	7	6	1	8
6	8	4	5	3	1	2	9	7
7	1	2	8	9	6	3	5	4
1	2	7	4	6	5	8	3	9
3	4	8	9	1	2	7	6	5
5	9	6	3	7	8	1	4	2
8	3	9	6	2	4	5	7	1
2	6	1	7	5	9	4	8	3
4	7	5	1	8	3	9	2	6

SUD정답OKU

Answer 55

8	5	9	7	4	6	1	2	3
7	3	2	1	5	8	4	9	6
4	1	6	9	2	3	5	8	7
6	9	8	4	3	1	7	5	2
5	2	3	8	7	9	6	4	1
1	7	4	5	6	2	8	3	9
9	6	5	2	1	4	3	7	8
3	8	7	6	9	5	2	1	4
2	4	1	3	8	7	9	6	5

Answer 56

1	4	3	9	6	8	5	2	7
5	7	9	2	3	4	8	1	6
6	8	2	1	5	7	9	4	3
8	3	7	6	2	1	4	9	5
2	9	5	8	4	3	7	6	1
4	1	6	7	9	5	3	8	2
7	2	8	3	1	9	6	5	4
9	5	1	4	7	6	2	3	8
3	6	4	5	8	2	1	7	9

Answer 57

4	2	3	7	5	1	9	8	6
7	1	6	4	8	9	2	5	3
8	5	9	6	2	3	1	4	7
1	8	5	2	6	7	4	3	9
3	7	2	1	9	4	8	6	5
9	6	4	5	3	8	7	2	1
2	4	1	3	7	5	6	9	8
5	9	7	8	4	6	3	1	2
6	3	8	9	1	2	5	7	4

Answer 58

6	7	4	5	8	2	1	3	9
9	8	5	3	4	1	6	7	2
1	2	3	9	6	7	5	8	4
2	1	9	6	7	5	3	4	8
5	4	8	1	9	3	2	6	7
3	6	7	8	2	4	9	1	5
4	5	1	7	3	9	8	2	6
8	9	2	4	1	6	7	5	3
7	3	6	2	5	8	4	9	1

Answer 59

5	3	9	2	8	1	7	4	6
2	7	6	3	5	4	1	9	8
4	8	1	9	6	7	2	5	3
6	9	4	8	1	2	5	3	7
3	1	7	6	4	5	8	2	9
8	5	2	7	9	3	4	6	1
1	6	8	5	2	9	3	7	4
7	4	5	1	3	6	9	8	2
9	2	3	4	7	8	6	1	5

Answer 60

1	5	3	6	8	7	4	9	2
9	8	6	4	3	2	7	5	1
2	4	7	9	1	5	3	8	6
3	9	4	2	5	6	1	7	8
7	2	5	8	4	1	9	6	3
6	1	8	3	7	9	2	4	5
5	6	9	1	2	4	8	3	7
4	3	2	7	6	8	5	1	9
8	7	1	5	9	3	6	2	4

SUD정답OKU

9	2	5	8	6	7	1	4	3
3	8	4	2	1	9	5	7	6
1	6	7	5	4	3	8	2	9
5	4	2	9	3	6	7	1	8
8	7	9	1	2	5	3	6	4
6	1	3	7	8	4	2	9	5
4	3	8	6	7	1	9	5	2
7	9	6	3	5	2	4	8	1
2	5	1	4	9	8	6	3	7

6	3	4	7	1	9	8	2	5
8	9	1	2	5	4	7	6	3
2	7	5	6	8	3	1	9	4
5	2	7	4	6	1	9	3	8
4	8	6	3	9	2	5	7	1
9	1	3	5	7	8	6	4	2
3	5	9	1	2	6	4	8	7
7	6	2	8	4	5	3	1	9
1	4	8	9	3	7	2	5	6

3	2	8	7	5	1	6	4	9
4	7	9	6	3	2	1	5	8
5	1	6	8	9	4	3	7	2
8	5	2	1	7	3	4	9	6
1	6	3	4	2	9	7	8	5
9	4	7	5	8	6	2	3	1
7	3	5	2	6	8	9	1	4
6	8	4	9	1	7	5	2	3
2	9	1	3	4	5	8	6	7

7	2	5	1	3	6	9	4	8
1	9	6	5	8	4	2	3	7
4	3	8	2	9	7	1	6	5
3	6	1	9	2	8	5	7	4
8	4	7	6	1	5	3	2	9
9	5	2	4	7	3	6	8	1
6	1	9	7	4	2	8	5	3
2	7	3	8	5	9	4	1	6
5	8	4	3	6	1	7	9	2

7	9	3	6	2	1	8	5	4
6	8	4	5	9	3	2	1	7
2	5	1	8	4	7	9	3	6
9	3	5	1	8	4	6	7	2
1	2	8	3	7	6	5	4	9
4	6	7	9	5	2	1	8	3
5	4	6	7	1	9	3	2	8
3	1	2	4	6	8	7	9	5
8	7	9	2	3	5	4	6	1

8	4	3	5	1	6	9	7	2
5	2	6	3	9	7	4	1	8
7	9	1	8	4	2	6	5	3
4	5	2	6	8	9	1	3	7
6	1	7	2	5	3	8	4	9
3	8	9	1	7	4	5	2	6
1	6	5	7	3	8	2	9	4
2	7	4	9	6	1	3	8	5
9	3	8	4	2	5	7	6	1

SUDOKU 정답

Answer 67

5	3	6	8	7	2	1	4	9
1	9	4	3	6	5	8	2	7
7	8	2	4	1	9	5	6	3
3	7	5	2	4	1	6	9	8
6	4	8	5	9	3	2	7	1
9	2	1	7	8	6	4	3	5
8	5	9	6	2	7	3	1	4
2	1	3	9	5	4	7	8	6
4	6	7	1	3	8	9	5	2

Answer 68

7	3	6	8	5	2	4	1	9
9	5	2	7	1	4	8	3	6
1	4	8	3	9	6	2	5	7
3	8	9	2	7	5	6	4	1
6	2	1	4	3	9	7	8	5
4	7	5	1	6	8	9	2	3
5	9	4	6	2	1	3	7	8
8	6	3	5	4	7	1	9	2
2	1	7	9	8	3	5	6	4

Answer 69

1	8	7	5	2	4	6	3	9
3	4	2	9	6	8	7	1	5
5	6	9	7	3	1	4	8	2
6	9	3	1	7	2	8	5	4
8	7	1	6	4	5	2	9	3
4	2	5	8	9	3	1	6	7
7	5	8	4	1	9	3	2	6
9	3	6	2	8	7	5	4	1
2	1	4	3	5	6	9	7	8

Answer 70

3	9	2	7	8	6	1	5	4
4	5	7	2	3	1	8	6	9
8	1	6	9	4	5	3	2	7
9	6	8	4	2	3	7	1	5
2	3	1	5	7	9	6	4	8
5	7	4	6	1	8	2	9	3
6	8	3	1	9	4	5	7	2
1	2	9	3	5	7	4	8	6
7	4	5	8	6	2	9	3	1

Answer 71

4	2	6	8	5	9	7	3	1
7	9	8	2	1	3	6	5	4
5	3	1	7	6	4	2	9	8
1	7	5	3	9	6	8	4	2
3	4	2	1	8	7	5	6	9
6	8	9	4	2	5	1	7	3
2	6	4	9	7	1	3	8	5
9	1	7	5	3	8	4	2	6
8	5	3	6	4	2	9	1	7

Answer 72

6	3	5	9	1	8	2	7	4
2	1	8	5	4	7	6	9	3
7	9	4	2	3	6	1	5	8
8	5	9	4	7	2	3	6	1
4	2	3	6	5	1	7	8	9
1	7	6	8	9	3	5	4	2
3	6	1	7	8	9	4	2	5
9	4	2	1	6	5	8	3	7
5	8	7	3	2	4	9	1	6

SUD정답OKU

Answer 73

1	6	9	8	7	5	4	3	2
5	7	8	4	2	3	9	6	1
3	4	2	6	1	9	7	5	8
4	8	3	9	6	1	5	2	7
6	9	5	2	8	7	3	1	4
2	1	7	3	5	4	6	8	9
7	5	4	1	3	8	2	9	6
9	2	1	5	4	6	8	7	3
8	3	6	7	9	2	1	4	5

Answer 74

5	2	8	7	3	1	6	4	9
9	4	7	8	2	6	5	3	1
3	6	1	9	5	4	2	8	7
4	8	6	1	9	3	7	5	2
1	5	9	2	4	7	3	6	8
7	3	2	5	6	8	1	9	4
6	7	5	4	1	9	8	2	3
8	9	3	6	7	2	4	1	5
2	1	4	3	8	5	9	7	6

Answer 75

2	8	6	3	1	5	7	4	9
7	1	5	9	4	2	6	3	8
4	9	3	7	8	6	5	1	2
9	4	1	6	7	8	2	5	3
8	6	7	2	5	3	4	9	1
3	5	2	1	9	4	8	6	7
6	7	4	8	3	1	9	2	5
5	3	9	4	2	7	1	8	6
1	2	8	5	6	9	3	7	4

Answer 76

1	9	2	8	6	5	3	7	4
8	6	4	7	1	3	5	9	2
5	7	3	2	4	9	1	8	6
7	5	8	6	3	2	4	1	9
2	4	9	1	7	8	6	3	5
3	1	6	5	9	4	7	2	8
4	8	1	9	5	7	2	6	3
9	3	7	4	2	6	8	5	1
6	2	5	3	8	1	9	4	7

Answer 77

2	3	9	1	4	8	6	5	7
6	8	7	3	2	5	1	9	4
5	1	4	6	7	9	2	8	3
8	4	6	7	9	2	5	3	1
1	2	5	8	3	4	7	6	9
9	7	3	5	1	6	8	4	2
7	9	8	4	6	1	3	2	5
4	5	1	2	8	3	9	7	6
3	6	2	9	5	7	4	1	8

Answer 78

5	1	2	8	4	3	7	9	6
7	9	4	5	2	6	8	1	3
6	3	8	1	9	7	5	2	4
2	7	9	3	6	8	1	4	5
4	6	1	9	7	5	3	8	2
8	5	3	4	1	2	6	7	9
9	2	7	6	5	1	4	3	8
1	8	5	2	3	4	9	6	7
3	4	6	7	8	9	2	5	1

SUD정답OKU

Answer 79

2	6	9	5	3	4	8	1	7
5	8	1	6	9	7	3	2	4
3	7	4	1	2	8	9	5	6
7	1	8	9	5	3	4	6	2
6	4	3	8	7	2	5	9	1
9	2	5	4	6	1	7	3	8
1	5	7	2	8	9	6	4	3
8	9	2	3	4	6	1	7	5
4	3	6	7	1	5	2	8	9

Answer 80

3	7	8	6	2	1	5	9	4
6	5	2	4	3	9	7	1	8
1	4	9	8	7	5	3	6	2
7	6	3	9	8	2	1	4	5
8	9	1	5	4	3	6	2	7
4	2	5	7	1	6	8	3	9
5	3	6	2	9	8	4	7	1
9	8	4	1	6	7	2	5	3
2	1	7	3	5	4	9	8	6

Answer 81

1	3	6	5	2	9	8	4	7
2	5	8	4	6	7	3	9	1
7	9	4	3	1	8	5	2	6
3	8	2	1	9	4	6	7	5
5	7	9	6	3	2	4	1	8
4	6	1	8	7	5	9	3	2
6	2	3	9	8	1	7	5	4
9	4	7	2	5	6	1	8	3
8	1	5	7	4	3	2	6	9

Answer 82

7	4	9	3	6	5	2	1	8
2	1	8	7	9	4	6	5	3
5	3	6	1	2	8	9	4	7
8	5	7	4	3	9	1	2	6
1	9	2	8	7	6	4	3	5
4	6	3	2	5	1	7	8	9
3	2	5	9	4	7	8	6	1
9	8	4	6	1	3	5	7	2
6	7	1	5	8	2	3	9	4

Answer 83

5	4	2	3	8	1	9	6	7
9	8	7	2	6	4	5	3	1
6	3	1	5	9	7	4	2	8
1	9	5	8	2	6	3	7	4
3	7	8	4	1	9	6	5	2
2	6	4	7	5	3	1	8	9
7	1	3	6	4	8	2	9	5
8	5	9	1	3	2	7	4	6
4	2	6	9	7	5	8	1	3

Answer 84

5	6	3	9	2	7	1	4	8
7	4	8	1	6	3	2	5	9
1	9	2	5	8	4	7	6	3
6	1	9	7	3	5	4	8	2
8	3	5	2	4	1	6	9	7
2	7	4	6	9	8	5	3	1
4	2	7	3	5	9	8	1	6
3	5	6	8	1	2	9	7	4
9	8	1	4	7	6	3	2	5

SUD 정답 OKU

Answer 85

4	7	1	8	2	3	6	5	9
8	2	9	5	1	6	4	7	3
5	3	6	7	9	4	2	8	1
3	9	5	6	7	8	1	4	2
7	8	4	2	3	1	9	6	5
1	6	2	4	5	9	8	3	7
2	5	8	1	6	7	3	9	4
9	4	7	3	8	2	5	1	6
6	1	3	9	4	5	7	2	8

Answer 86

4	9	6	7	5	8	3	2	1
1	8	3	6	4	2	5	9	7
5	7	2	3	1	9	8	4	6
3	4	9	5	2	1	7	6	8
6	1	7	8	3	4	2	5	9
2	5	8	9	6	7	4	1	3
9	3	1	4	7	5	6	8	2
7	2	5	1	8	6	9	3	4
8	6	4	2	9	3	1	7	5

Answer 87

6	7	1	9	3	8	4	5	2
2	8	5	4	6	7	9	1	3
3	9	4	2	1	5	8	6	7
5	4	6	7	8	2	3	9	1
9	1	8	6	5	3	2	7	4
7	3	2	1	4	9	5	8	6
8	6	7	3	9	4	1	2	5
1	5	3	8	2	6	7	4	9
4	2	9	5	7	1	6	3	8

Answer 88

6	8	9	1	3	4	7	2	5
7	3	4	5	2	6	8	9	1
1	2	5	9	8	7	3	4	6
9	5	2	4	1	3	6	7	8
4	7	1	6	9	8	5	3	2
3	6	8	7	5	2	9	1	4
8	4	7	3	6	1	2	5	9
5	1	6	2	7	9	4	8	3
2	9	3	8	4	5	1	6	7

Answer 89

4	8	3	6	5	9	7	1	2
6	9	2	3	7	1	5	4	8
5	7	1	8	2	4	9	3	6
2	3	5	7	9	8	1	6	4
8	1	9	2	4	6	3	7	5
7	6	4	5	1	3	2	8	9
3	2	7	4	6	5	8	9	1
9	4	8	1	3	2	6	5	7
1	5	6	9	8	7	4	2	3

Answer 90

3	4	7	9	1	5	8	6	2
2	9	5	6	8	7	1	3	4
6	1	8	2	3	4	7	9	5
5	2	1	4	9	6	3	8	7
9	8	3	1	7	2	4	5	6
4	7	6	8	5	3	9	2	1
8	3	2	5	4	1	6	7	9
7	5	4	3	6	9	2	1	8
1	6	9	7	2	8	5	4	3

SUD정답OKU

Answer 91

3	4	9	2	1	8	7	6	5
5	2	7	9	6	3	4	1	8
6	8	1	7	5	4	9	3	2
1	3	8	6	4	7	2	5	9
9	6	4	8	2	5	3	7	1
2	7	5	3	9	1	6	8	4
7	5	3	4	8	2	1	9	6
4	1	6	5	7	9	8	2	3
8	9	2	1	3	6	5	4	7

Answer 92

4	8	7	9	5	2	3	1	6
9	1	2	3	6	4	7	5	8
5	6	3	1	7	8	4	9	2
3	9	5	2	1	6	8	7	4
1	4	6	7	8	9	5	2	3
2	7	8	4	3	5	1	6	9
7	3	9	6	4	1	2	8	5
6	5	4	8	2	7	9	3	1
8	2	1	5	9	3	6	4	7

Answer 93

8	5	4	2	6	7	9	1	3
2	6	1	3	4	9	7	5	8
7	9	3	5	8	1	2	4	6
5	4	7	9	1	8	6	3	2
9	2	6	7	3	4	1	8	5
1	3	8	6	2	5	4	7	9
3	7	2	1	5	6	8	9	4
4	1	5	8	9	2	3	6	7
6	8	9	4	7	3	5	2	1

Answer 94

9	1	6	2	3	5	8	7	4
4	5	7	6	9	8	2	3	1
2	3	8	7	1	4	5	6	9
1	9	2	3	8	7	6	4	5
5	6	3	9	4	1	7	8	2
8	7	4	5	6	2	9	1	3
6	8	5	4	2	3	1	9	7
3	2	1	8	7	9	4	5	6
7	4	9	1	5	6	3	2	8

Answer 95

1	2	9	4	5	7	3	6	8
3	7	6	9	8	1	2	4	5
4	5	8	6	3	2	7	1	9
8	9	7	2	4	3	1	5	6
5	3	4	1	7	6	9	8	2
6	1	2	5	9	8	4	3	7
7	8	1	3	2	5	6	9	4
2	4	3	8	6	9	5	7	1
9	6	5	7	1	4	8	2	3

Answer 96

2	1	6	3	5	9	8	7	4
3	9	5	7	8	4	2	1	6
7	8	4	2	6	1	9	3	5
9	4	8	6	3	7	5	2	1
1	2	7	5	9	8	6	4	3
5	6	3	4	1	2	7	9	8
4	3	2	8	7	6	1	5	9
6	5	9	1	2	3	4	8	7
8	7	1	9	4	5	3	6	2

SUD정답OKU

Answer 97

1	2	9	3	4	6	7	8	5
5	4	3	7	8	9	6	2	1
6	8	7	2	1	5	3	4	9
4	7	5	8	9	2	1	3	6
2	3	6	1	5	7	4	9	8
9	1	8	6	3	4	5	7	2
3	5	4	9	2	1	8	6	7
7	9	1	4	6	8	2	5	3
8	6	2	5	7	3	9	1	4

Answer 98

1	8	7	2	4	5	6	9	3
2	3	6	9	8	1	4	5	7
4	5	9	3	7	6	2	1	8
8	6	2	5	1	7	3	4	9
3	7	4	8	6	9	1	2	5
9	1	5	4	3	2	8	7	6
5	4	8	1	9	3	7	6	2
7	2	1	6	5	8	9	3	4
6	9	3	7	2	4	5	8	1

Answer 99

7	2	8	5	1	4	6	9	3
1	9	6	3	7	2	8	4	5
4	5	3	8	9	6	1	2	7
9	4	5	1	6	8	3	7	2
8	1	2	7	3	5	4	6	9
6	3	7	4	2	9	5	1	8
5	6	1	9	8	7	2	3	4
3	7	4	2	5	1	9	8	6
2	8	9	6	4	3	7	5	1

Answer 100

1	6	5	3	7	9	2	8	4
7	9	2	8	4	1	5	3	6
3	4	8	5	6	2	7	9	1
8	3	1	2	9	6	4	5	7
4	2	9	7	3	5	1	6	8
5	7	6	4	1	8	3	2	9
9	8	7	1	5	3	6	4	2
6	1	3	9	2	4	8	7	5
2	5	4	6	8	7	9	1	3

Answer 101

1	3	2	6	5	8	9	4	7
7	8	9	2	4	1	3	5	6
4	6	5	3	9	7	1	2	8
6	9	1	5	8	3	2	7	4
2	4	7	9	1	6	8	3	5
3	5	8	7	2	4	6	1	9
9	7	4	1	6	2	5	8	3
5	1	3	8	7	9	4	6	2
8	2	6	4	3	5	7	9	1

Answer 102

9	6	2	7	8	3	1	4	5
1	5	8	6	4	9	2	3	7
4	7	3	5	1	2	6	8	9
8	2	7	1	9	4	5	6	3
5	1	4	3	7	6	8	9	2
6	3	9	2	5	8	4	7	1
3	4	5	8	2	7	9	1	6
2	8	6	9	3	1	7	5	4
7	9	1	4	6	5	3	2	8

SUD정답OKU

Answer 103

6	5	3	7	8	1	2	4	9
4	7	2	5	9	3	8	1	6
8	9	1	6	2	4	5	3	7
5	2	4	8	7	9	3	6	1
7	1	8	3	4	6	9	5	2
3	6	9	1	5	2	4	7	8
9	8	5	4	1	7	6	2	3
1	4	6	2	3	8	7	9	5
2	3	7	9	6	5	1	8	4

Answer 104

8	3	5	1	6	2	4	7	9
6	4	1	5	9	7	2	8	3
2	7	9	3	4	8	1	6	5
4	5	7	2	8	3	6	9	1
9	8	6	7	1	4	3	5	2
3	1	2	6	5	9	8	4	7
5	2	4	8	7	1	9	3	6
7	9	3	4	2	6	5	1	8
1	6	8	9	3	5	7	2	4

Answer 105

2	8	1	3	7	4	5	9	6
6	9	4	2	8	5	7	1	3
7	5	3	1	9	6	2	4	8
1	7	5	6	2	8	9	3	4
8	6	9	4	5	3	1	7	2
4	3	2	9	1	7	8	6	5
5	1	6	8	3	9	4	2	7
3	2	8	7	4	1	6	5	9
9	4	7	5	6	2	3	8	1

Answer 106

2	9	4	8	5	1	6	3	7
1	5	6	3	7	4	2	8	9
7	8	3	2	6	9	1	4	5
4	3	7	6	2	8	5	9	1
8	6	9	1	3	5	7	2	4
5	1	2	4	9	7	8	6	3
9	2	1	5	4	6	3	7	8
3	4	8	7	1	2	9	5	6
6	7	5	9	8	3	4	1	2

Answer 107

8	6	7	2	3	4	5	1	9
3	1	5	6	9	7	2	8	4
2	9	4	1	8	5	7	3	6
5	4	2	8	1	6	9	7	3
6	7	1	9	5	3	4	2	8
9	3	8	4	7	2	6	5	1
4	8	3	5	2	9	1	6	7
7	2	6	3	4	1	8	9	5
1	5	9	7	6	8	3	4	2

Answer 108

3	6	8	4	2	9	1	5	7
9	5	7	1	6	3	2	4	8
1	4	2	7	8	5	6	9	3
6	1	3	8	9	4	5	7	2
7	8	5	6	3	2	4	1	9
2	9	4	5	1	7	8	3	6
4	3	6	9	5	8	7	2	1
8	7	9	2	4	1	3	6	5
5	2	1	3	7	6	9	8	4

SUD정답OKU

Answer 109

4	8	1	7	6	3	9	5	2
3	9	2	5	8	4	6	7	1
5	7	6	2	1	9	8	4	3
2	6	5	9	7	1	4	3	8
9	4	7	6	3	8	1	2	5
1	3	8	4	5	2	7	9	6
7	5	3	1	4	6	2	8	9
6	2	4	8	9	5	3	1	7
8	1	9	3	2	7	5	6	4

Answer 110

2	3	6	9	7	5	8	1	4
4	5	8	3	1	6	7	2	9
7	9	1	8	4	2	6	3	5
3	8	9	6	5	7	2	4	1
6	1	4	2	8	9	3	5	7
5	7	2	1	3	4	9	8	6
8	4	7	5	9	3	1	6	2
1	2	5	7	6	8	4	9	3
9	6	3	4	2	1	5	7	8

Answer 111

7	3	2	8	5	6	9	4	1
1	4	6	9	3	2	8	7	5
5	8	9	1	4	7	3	2	6
6	9	7	4	2	1	5	3	8
2	1	8	3	6	5	7	9	4
3	5	4	7	8	9	1	6	2
8	2	5	6	7	3	4	1	9
9	6	3	5	1	4	2	8	7
4	7	1	2	9	8	6	5	3

Answer 112

7	1	4	2	3	9	5	8	6
5	9	2	8	6	4	3	7	1
3	8	6	5	1	7	9	4	2
2	7	1	9	8	3	6	5	4
8	5	9	7	4	6	1	2	3
4	6	3	1	2	5	7	9	8
1	4	7	3	5	2	8	6	9
9	2	8	6	7	1	4	3	5
6	3	5	4	9	8	2	1	7

Answer 113

4	5	7	9	8	6	3	2	1
1	2	6	7	5	3	4	9	8
9	3	8	2	4	1	5	6	7
2	1	9	5	6	7	8	4	3
3	6	5	4	1	8	2	7	9
8	7	4	3	2	9	1	5	6
5	8	1	6	7	2	9	3	4
6	9	2	1	3	4	7	8	5
7	4	3	8	9	5	6	1	2

Answer 114

1	4	3	6	5	9	8	2	7
8	7	9	1	4	2	6	5	3
5	6	2	7	3	8	9	4	1
2	9	4	8	1	3	5	7	6
7	3	5	2	9	6	1	8	4
6	1	8	5	7	4	2	3	9
9	5	7	4	8	1	3	6	2
4	2	1	3	6	5	7	9	8
3	8	6	9	2	7	4	1	5

SUD정답OKU

Answer 115

6	7	4	3	5	9	1	2	8
8	5	2	4	6	1	7	9	3
3	9	1	7	2	8	6	4	5
2	4	6	1	9	5	3	8	7
5	8	9	6	7	3	4	1	2
1	3	7	2	8	4	5	6	9
7	2	3	9	1	6	8	5	4
9	1	8	5	4	7	2	3	6
4	6	5	8	3	2	9	7	1

Answer 116

7	1	3	6	4	8	2	5	9
9	5	8	2	1	3	4	6	7
2	4	6	5	7	9	1	3	8
5	6	1	3	8	4	7	9	2
4	3	9	7	2	1	5	8	6
8	2	7	9	6	5	3	1	4
6	9	5	4	3	2	8	7	1
3	8	2	1	9	7	6	4	5
1	7	4	8	5	6	9	2	3

Answer 117

9	3	6	1	4	8	5	7	2
8	2	1	9	7	5	6	3	4
7	4	5	2	6	3	1	8	9
3	5	7	8	2	4	9	1	6
6	8	4	7	1	9	2	5	3
2	1	9	5	3	6	7	4	8
1	9	3	4	5	2	8	6	7
4	7	8	6	9	1	3	2	5
5	6	2	3	8	7	4	9	1

Answer 118

2	1	4	3	6	8	9	7	5
8	3	7	9	4	5	6	1	2
5	6	9	1	2	7	4	3	8
4	9	6	7	8	2	1	5	3
7	5	2	4	3	1	8	9	6
1	8	3	5	9	6	2	4	7
9	2	1	8	5	3	7	6	4
6	4	5	2	7	9	3	8	1
3	7	8	6	1	4	5	2	9

Answer 119

2	7	8	1	3	6	5	4	9
1	6	3	4	9	5	2	7	8
5	4	9	2	8	7	6	1	3
7	9	1	6	5	4	3	8	2
8	3	4	9	2	1	7	5	6
6	2	5	3	7	8	1	9	4
3	8	2	7	1	9	4	6	5
9	1	6	5	4	2	8	3	7
4	5	7	8	6	3	9	2	1

Answer 120

3	1	6	2	7	8	9	5	4
5	9	7	6	4	1	3	2	8
4	2	8	9	3	5	7	6	1
1	6	2	7	5	9	8	4	3
7	3	9	4	8	2	6	1	5
8	5	4	3	1	6	2	9	7
2	4	3	1	6	7	5	8	9
6	8	1	5	9	3	4	7	2
9	7	5	8	2	4	1	3	6

SUD정답OKU

1	4	5	2	8	9	7	6	3
6	2	3	1	5	7	9	4	8
8	7	9	6	4	3	2	1	5
9	3	8	4	7	6	5	2	1
4	1	6	8	2	5	3	9	7
2	5	7	9	3	1	6	8	4
3	9	1	7	6	8	4	5	2
5	8	2	3	9	4	1	7	6
7	6	4	5	1	2	8	3	9

9	3	7	8	2	4	6	1	5
2	6	8	9	5	1	7	3	4
1	5	4	3	6	7	2	8	9
5	1	9	4	8	2	3	7	6
8	7	2	5	3	6	9	4	1
3	4	6	1	7	9	8	5	2
7	9	5	6	1	8	4	2	3
6	8	1	2	4	3	5	9	7
4	2	3	7	9	5	1	6	8

3	6	4	7	2	1	8	9	5
1	5	7	9	4	8	2	3	6
2	9	8	6	5	3	7	4	1
9	7	5	3	1	6	4	2	8
8	3	1	4	9	2	5	6	7
4	2	6	5	8	7	9	1	3
7	4	3	2	6	5	1	8	9
5	1	9	8	3	4	6	7	2
6	8	2	1	7	9	3	5	4

8	5	4	6	3	1	7	2	9
3	9	2	4	8	7	5	6	1
7	6	1	9	2	5	3	4	8
6	3	8	2	1	9	4	7	5
1	7	5	8	6	4	9	3	2
4	2	9	7	5	3	1	8	6
2	4	7	1	9	8	6	5	3
5	1	6	3	4	2	8	9	7
9	8	3	5	7	6	2	1	4

9	3	2	1	8	7	6	5	4
8	5	6	4	3	2	1	7	9
1	7	4	6	5	9	2	3	8
2	6	5	8	7	1	4	9	3
7	9	3	5	4	6	8	1	2
4	1	8	2	9	3	7	6	5
5	4	1	9	6	8	3	2	7
3	2	9	7	1	4	5	8	6
6	8	7	3	2	5	9	4	1

6	9	4	7	2	3	1	8	5
7	3	8	1	9	5	2	6	4
5	1	2	6	4	8	7	9	3
4	6	3	2	5	1	9	7	8
2	7	5	9	8	4	3	1	6
1	8	9	3	7	6	4	5	2
3	2	6	8	1	7	5	4	9
8	4	7	5	3	9	6	2	1
9	5	1	4	6	2	8	3	7

SUD정답OKU

Answer 127

9	1	2	8	6	5	4	3	7
5	8	4	7	2	3	9	1	6
7	3	6	1	4	9	8	5	2
3	7	5	6	9	8	1	2	4
6	4	1	2	3	7	5	8	9
2	9	8	5	1	4	6	7	3
8	6	9	3	5	2	7	4	1
4	5	3	9	7	1	2	6	8
1	2	7	4	8	6	3	9	5

Answer 128

1	3	2	7	6	5	4	9	8
8	5	6	2	9	4	1	3	7
4	7	9	8	1	3	5	2	6
5	2	3	4	8	7	9	6	1
7	1	8	6	5	9	3	4	2
9	6	4	3	2	1	8	7	5
6	8	1	9	4	2	7	5	3
3	9	5	1	7	6	2	8	4
2	4	7	5	3	8	6	1	9

Answer 129

4	8	1	2	3	5	6	7	9
7	3	9	6	8	4	1	2	5
2	5	6	1	7	9	3	4	8
8	9	2	7	4	3	5	6	1
6	1	7	5	2	8	9	3	4
3	4	5	9	6	1	2	8	7
9	6	8	3	1	7	4	5	2
5	2	4	8	9	6	7	1	3
1	7	3	4	5	2	8	9	6

Answer 130

2	8	4	9	1	5	6	3	7
7	9	5	4	6	3	8	2	1
3	6	1	7	8	2	5	4	9
8	1	9	6	3	7	4	5	2
5	7	6	8	2	4	9	1	3
4	2	3	1	5	9	7	6	8
9	3	8	5	4	1	2	7	6
1	4	7	2	9	6	3	8	5
6	5	2	3	7	8	1	9	4

Answer 131

3	7	5	6	8	9	1	4	2
6	1	9	5	4	2	7	3	8
4	8	2	7	1	3	5	9	6
5	3	1	2	6	7	9	8	4
2	4	6	8	9	5	3	1	7
7	9	8	1	3	4	6	2	5
1	6	3	4	5	8	2	7	9
9	2	4	3	7	6	8	5	1
8	5	7	9	2	1	4	6	3

Answer 132

3	5	7	9	6	1	4	2	8
2	8	1	5	4	3	7	6	9
6	9	4	2	7	8	1	3	5
9	1	6	7	3	2	8	5	4
7	4	3	8	5	6	9	1	2
5	2	8	4	1	9	3	7	6
4	6	5	1	8	7	2	9	3
1	3	2	6	9	4	5	8	7
8	7	9	3	2	5	6	4	1

SUD정답OKU

Answer 133

1	5	4	6	2	8	3	9	7
9	8	2	5	3	7	4	1	6
7	3	6	1	4	9	8	2	5
5	4	7	3	6	2	1	8	9
6	9	1	7	8	4	2	5	3
8	2	3	9	5	1	6	7	4
4	7	9	8	1	3	5	6	2
3	1	5	2	7	6	9	4	8
2	6	8	4	9	5	7	3	1

Answer 134

7	2	1	4	3	6	9	5	8
4	8	6	5	9	2	1	7	3
9	5	3	8	7	1	2	4	6
6	4	7	2	8	3	5	1	9
3	1	2	9	5	7	8	6	4
5	9	8	6	1	4	7	3	2
1	6	9	7	4	8	3	2	5
2	7	5	3	6	9	4	8	1
8	3	4	1	2	5	6	9	7

Answer 135

3	7	6	2	5	1	9	4	8
8	2	4	9	3	6	5	7	1
5	9	1	7	8	4	6	3	2
7	1	5	8	4	9	3	2	6
9	6	2	1	7	3	8	5	4
4	8	3	6	2	5	7	1	9
1	5	8	4	6	7	2	9	3
6	4	7	3	9	2	1	8	5
2	3	9	5	1	8	4	6	7

Answer 136

7	5	9	2	8	1	6	4	3
1	6	3	9	4	5	2	7	8
8	2	4	3	6	7	1	9	5
9	3	8	1	7	6	4	5	2
2	4	1	8	5	9	3	6	7
5	7	6	4	3	2	8	1	9
3	8	5	7	1	4	9	2	6
6	1	2	5	9	3	7	8	4
4	9	7	6	2	8	5	3	1

Answer 137

6	1	4	5	2	7	3	9	8
5	2	3	9	4	8	7	6	1
9	8	7	3	1	6	2	4	5
7	9	2	4	8	3	5	1	6
3	4	1	2	6	5	8	7	9
8	5	6	1	7	9	4	3	2
4	7	8	6	9	2	1	5	3
1	6	5	8	3	4	9	2	7
2	3	9	7	5	1	6	8	4

Answer 138

8	1	3	7	5	2	9	6	4
5	7	4	3	9	6	8	1	2
9	6	2	4	1	8	5	7	3
4	9	5	6	8	1	3	2	7
6	3	8	2	7	4	1	9	5
1	2	7	5	3	9	6	4	8
2	4	1	8	6	5	7	3	9
3	5	9	1	4	7	2	8	6
7	8	6	9	2	3	4	5	1

SUDOKU 정답

Answer 139

4	3	9	5	8	6	2	7	1
2	1	6	4	3	7	8	9	5
5	7	8	9	1	2	6	4	3
1	6	4	8	5	9	7	3	2
8	9	3	2	7	1	4	5	6
7	2	5	3	6	4	9	1	8
3	5	7	6	9	8	1	2	4
6	4	1	7	2	3	5	8	9
9	8	2	1	4	5	3	6	7

Answer 140

9	2	3	5	4	7	6	8	1
6	1	4	8	9	3	2	5	7
8	5	7	1	6	2	9	3	4
7	9	5	2	8	4	3	1	6
3	4	2	6	7	1	8	9	5
1	8	6	3	5	9	7	4	2
5	3	9	4	2	6	1	7	8
2	7	8	9	1	5	4	6	3
4	6	1	7	3	8	5	2	9

Answer 141

6	4	8	7	3	9	1	2	5
9	2	3	1	8	5	4	7	6
7	5	1	4	6	2	3	8	9
2	8	7	3	4	6	9	5	1
4	9	5	2	1	7	6	3	8
3	1	6	5	9	8	7	4	2
8	3	9	6	5	4	2	1	7
5	7	4	9	2	1	8	6	3
1	6	2	8	7	3	5	9	4

Answer 142

9	8	5	6	2	7	3	4	1
4	2	3	9	1	5	6	7	8
7	6	1	4	8	3	5	9	2
5	9	4	3	7	2	8	1	6
1	7	6	8	5	4	2	3	9
8	3	2	1	9	6	7	5	4
3	4	7	2	6	1	9	8	5
6	1	8	5	3	9	4	2	7
2	5	9	7	4	8	1	6	3

Answer 143

2	3	5	1	7	8	6	9	4
4	1	8	5	6	9	3	2	7
9	6	7	4	3	2	8	5	1
3	7	1	6	9	4	5	8	2
8	4	6	3	2	5	1	7	9
5	2	9	7	8	1	4	6	3
1	9	3	8	5	7	2	4	6
7	5	4	2	1	6	9	3	8
6	8	2	9	4	3	7	1	5

Answer 144

1	3	9	7	8	4	5	2	6
7	2	5	6	9	3	8	1	4
4	8	6	1	5	2	3	7	9
6	4	2	8	1	9	7	5	3
5	9	7	2	3	6	1	4	8
8	1	3	4	7	5	6	9	2
2	6	1	5	4	8	9	3	7
9	7	8	3	2	1	4	6	5
3	5	4	9	6	7	2	8	1

SUD정답OKU

Answer 145

1	7	4	8	6	5	9	3	2
5	3	2	7	1	9	4	6	8
9	8	6	4	3	2	1	5	7
6	5	9	2	4	1	8	7	3
8	1	3	6	5	7	2	9	4
4	2	7	3	9	8	5	1	6
7	4	1	9	2	6	3	8	5
3	9	8	5	7	4	6	2	1
2	6	5	1	8	3	7	4	9

Answer 146

2	3	9	5	7	1	6	8	4
6	8	1	9	2	4	3	7	5
4	5	7	3	6	8	1	2	9
8	1	3	4	5	6	7	9	2
7	9	6	2	8	3	5	4	1
5	2	4	1	9	7	8	3	6
9	6	5	8	3	2	4	1	7
3	4	2	7	1	5	9	6	8
1	7	8	6	4	9	2	5	3

Answer 147

4	3	9	5	8	6	2	7	1
2	1	6	4	3	7	8	9	5
5	7	8	9	1	2	6	4	3
1	6	4	8	5	9	7	3	2
8	9	3	2	7	1	4	5	6
7	2	5	3	6	4	9	1	8
3	5	7	6	9	8	1	2	4
6	4	1	7	2	3	5	8	9
9	8	2	1	4	5	3	6	7

Answer 148

4	5	7	9	8	6	3	2	1
1	2	6	7	5	3	4	9	8
9	3	8	2	4	1	5	6	7
2	1	9	5	6	7	8	4	3
3	6	5	4	1	8	2	7	9
8	7	4	3	2	9	1	5	6
5	8	1	6	7	2	9	3	4
6	9	2	1	3	4	7	8	5
7	4	3	8	9	5	6	1	2

Answer 149

6	7	8	1	2	9	4	3	5
4	9	5	6	3	8	2	7	1
3	1	2	4	5	7	6	8	9
8	6	4	5	7	1	3	9	2
1	3	7	9	8	2	5	4	6
2	5	9	3	4	6	8	1	7
5	2	3	7	9	4	1	6	8
7	4	1	8	6	5	9	2	3
9	8	6	2	1	3	7	5	4

Answer 150

7	4	2	9	6	3	1	8	5
3	8	5	1	4	2	6	9	7
6	1	9	5	8	7	4	3	2
2	3	1	4	7	5	8	6	9
9	6	4	3	2	8	5	7	1
8	5	7	6	1	9	3	2	4
4	2	8	7	3	1	9	5	6
1	9	3	2	5	6	7	4	8
5	7	6	8	9	4	2	1	3

SUD정답OKU

Answer 151

7	2	1	4	3	6	9	5	8
4	8	6	5	9	2	1	7	3
9	5	3	8	7	1	2	4	6
6	4	7	2	8	3	5	1	9
3	1	2	9	5	7	8	6	4
5	9	8	6	1	4	7	3	2
1	6	9	7	4	8	3	2	5
2	7	5	3	6	9	4	8	1
8	3	4	1	2	5	6	9	7

Answer 152

9	6	2	4	7	1	8	3	5
5	7	8	6	3	9	1	2	4
3	4	1	8	2	5	7	9	6
7	2	4	5	9	3	6	8	1
1	9	5	2	8	6	4	7	3
6	8	3	1	4	7	9	5	2
4	3	7	9	1	2	5	6	8
2	1	6	7	5	8	3	4	9
8	5	9	3	6	4	2	1	7

Answer 153

2	7	6	1	5	8	3	4	9
4	1	8	3	2	9	7	6	5
9	5	3	7	6	4	1	8	2
3	9	7	8	4	1	5	2	6
1	6	4	2	7	5	9	3	8
8	2	5	9	3	6	4	7	1
6	8	1	4	9	7	2	5	3
7	3	9	5	8	2	6	1	4
5	4	2	6	1	3	8	9	7

Answer 154

5	3	7	9	1	4	6	8	2
1	9	6	8	2	3	7	4	5
4	8	2	5	6	7	9	1	3
7	1	4	3	8	2	5	6	9
2	5	8	1	9	6	4	3	7
9	6	3	7	4	5	1	2	8
8	4	9	2	5	1	3	7	6
3	2	1	6	7	9	8	5	4
6	7	5	4	3	8	2	9	1

Answer 155

2	7	5	4	1	9	6	8	3
3	4	9	5	6	8	7	2	1
8	6	1	3	7	2	9	5	4
7	1	4	6	8	3	5	9	2
9	3	6	7	2	5	4	1	8
5	2	8	1	9	4	3	6	7
4	8	7	9	5	1	2	3	6
1	5	3	2	4	6	8	7	9
6	9	2	8	3	7	1	4	5

Answer 156

4	8	1	2	3	5	6	7	9
7	3	9	6	8	4	1	2	5
2	5	6	1	7	9	3	4	8
8	9	2	7	4	3	5	6	1
6	1	7	5	2	8	9	3	4
3	4	5	9	6	1	2	8	7
9	6	8	3	1	7	4	5	2
5	2	4	8	9	6	7	1	3
1	7	3	4	5	2	8	9	6

SUD정답OKU

Answer 157

6	9	8	2	5	1	4	7	3
1	4	3	7	9	8	2	6	5
7	2	5	3	4	6	9	8	1
5	6	4	8	2	9	1	3	7
9	8	7	1	3	4	5	2	6
2	3	1	6	7	5	8	9	4
3	1	6	5	8	2	7	4	9
4	7	2	9	1	3	6	5	8
8	5	9	4	6	7	3	1	2

Answer 158

1	2	7	5	9	3	4	8	6
4	6	9	2	8	7	3	5	1
3	5	8	1	6	4	7	2	9
6	1	2	3	5	8	9	7	4
7	8	3	4	1	9	5	6	2
9	4	5	7	2	6	8	1	3
5	9	6	8	4	1	2	3	7
2	7	1	9	3	5	6	4	8
8	3	4	6	7	2	1	9	5

Answer 159

5	4	7	8	6	9	1	2	3
1	9	2	3	7	4	5	8	6
8	3	6	2	5	1	7	9	4
3	7	4	6	1	8	9	5	2
9	2	1	7	4	5	3	6	8
6	5	8	9	3	2	4	1	7
4	6	9	1	2	3	8	7	5
2	1	3	5	8	7	6	4	9
7	8	5	4	9	6	2	3	1

Answer 160

2	7	1	5	9	4	6	3	8
4	9	5	3	8	6	1	7	2
6	8	3	7	1	2	9	5	4
3	6	7	4	2	8	5	1	9
5	1	8	6	3	9	2	4	7
9	2	4	1	5	7	8	6	3
8	3	6	2	4	1	7	9	5
1	4	9	8	7	5	3	2	6
7	5	2	9	6	3	4	8	1